凹凸を楽しむ

東京「スリバチ」地形散歩2

皆川典久

はじめに

スリバチの数だけ物語がある。

本書は『凹凸を楽しむ　東京「スリバチ」地形散歩』（2012年）の続編である。個人的な趣味として10年にわたって続けてきた、東京の谷地形を巡るフィールドサーベイの記録をベースとした前作の刊行後、予想以上に多くの方々と地形散歩の楽しみを共有できるということに驚いた。今回幸いにも続編のオファーをいただき、前作と同じフォーメーションで刊行の運びとなった。

本書では、前作で紙幅の都合上紹介を見送った、東京の山の手14エリアと下町平野1エリアを新たに取り上げた。これで前作と合わせるとほぼ東京都心部をカバーできたと思う。さらに、地形マニア憧れの地、スリバチの本場である神奈川県・下末吉と横浜山手にも遠征している。また、地形を手掛かりに都市の個性と魅力を見出す事例として、新潟市と仙台市を紹介に加えた。前作がきっかけとなり、著者自身この2つの町の活性化に関わる機会をいただいている。

まち歩きの楽しみの1つは、町で出会った疑問や自分が気づいた事象に、何らかの意味や理由を見出すことにあると思う。実際に歩いてみると分かることだが、どんな場所でも、地形の凹凸には訳《わけ》があり、手掛かりの1つとして土地の変遷や歴史を掘り下げてみると、興味深いストーリーが必ずと言っていいほど浮かび上がる。自分なりの探求と想像で、背後に潜むストーリーをたぐり寄せ、断片と思えていた事象がつながってゆく謎解きのような展開は、この上ない悦楽と言える。

前作で「わき道に逸れてみたらそこはスリバチだった」と記したが、メインストリートから逸れた先には、そんな宝石のような断片がたくさん転がっていたりする。それらは異国の地で探し求めるまでもなく、日常のすぐ近くに潜んでいたりするのだ。そんな誰もが楽しめる、まち歩きの、あるいは自分たちの住む町を見つめ直す、きっかけと動機を本書が提供できたらと思うのである。

凹凸を楽しむ
東京「スリバチ」地形散歩2

目次

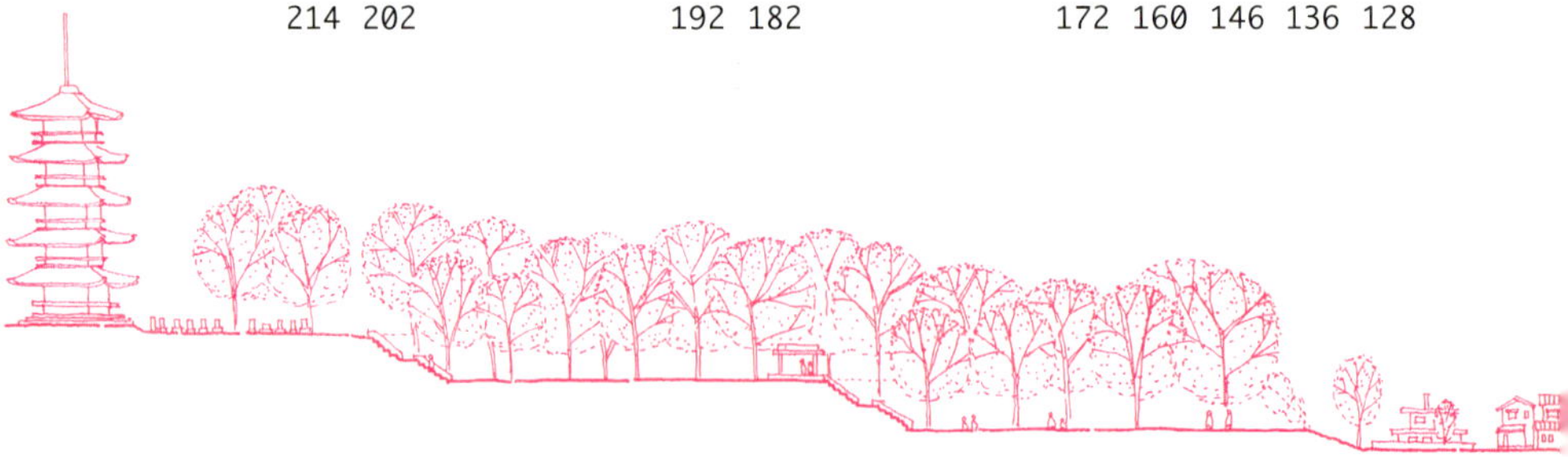

［コラム］

＊本書掲載の凹凸地形図は、陰影段彩図（高さ毎に異なる色と影を付けることで地形を立体的に表現した図）で表現しています。

〈東京広域マップ／新潟・仙台エリア地図〉

国土地理院、国土交通省水管理・国土保全局作成の「基盤地図情報（5mメッシュ標高）」を「カシミール3D」（http://www.kashmir3d.com/）により加工し作成しました。

〈横浜広域マップ／16·17エリア地図〉

国土地理院作成の「基盤地図情報（5mメッシュ標高）横浜」を「カシミール3D」により加工し作成しました。

〈1～15エリア地図〉

国土地理院作成の「基盤地図情報（5mメッシュ標高）東京都区部」を「カシミール3D」により加工し作成しました。

＊本書掲載の写真や図版は、特に断りのないものについては著者が撮影・作製しました。

東京広域マップ

1 新宿
2 池袋
3 高輪・白金
4 番町・麹町
5 等々力
6 王子
7 落合
8 中目黒
9 洗足池
10 戸越・大井
11 馬込・山王
12 練馬・板橋
13 成城
14 谷中・根津・千駄木
15 根岸・鶯谷・浅草

［標高］

～0m	20m
1m	30m
2m	40m
5m	50m
10m	100m
15m	150m

0 1000 2000 5000m

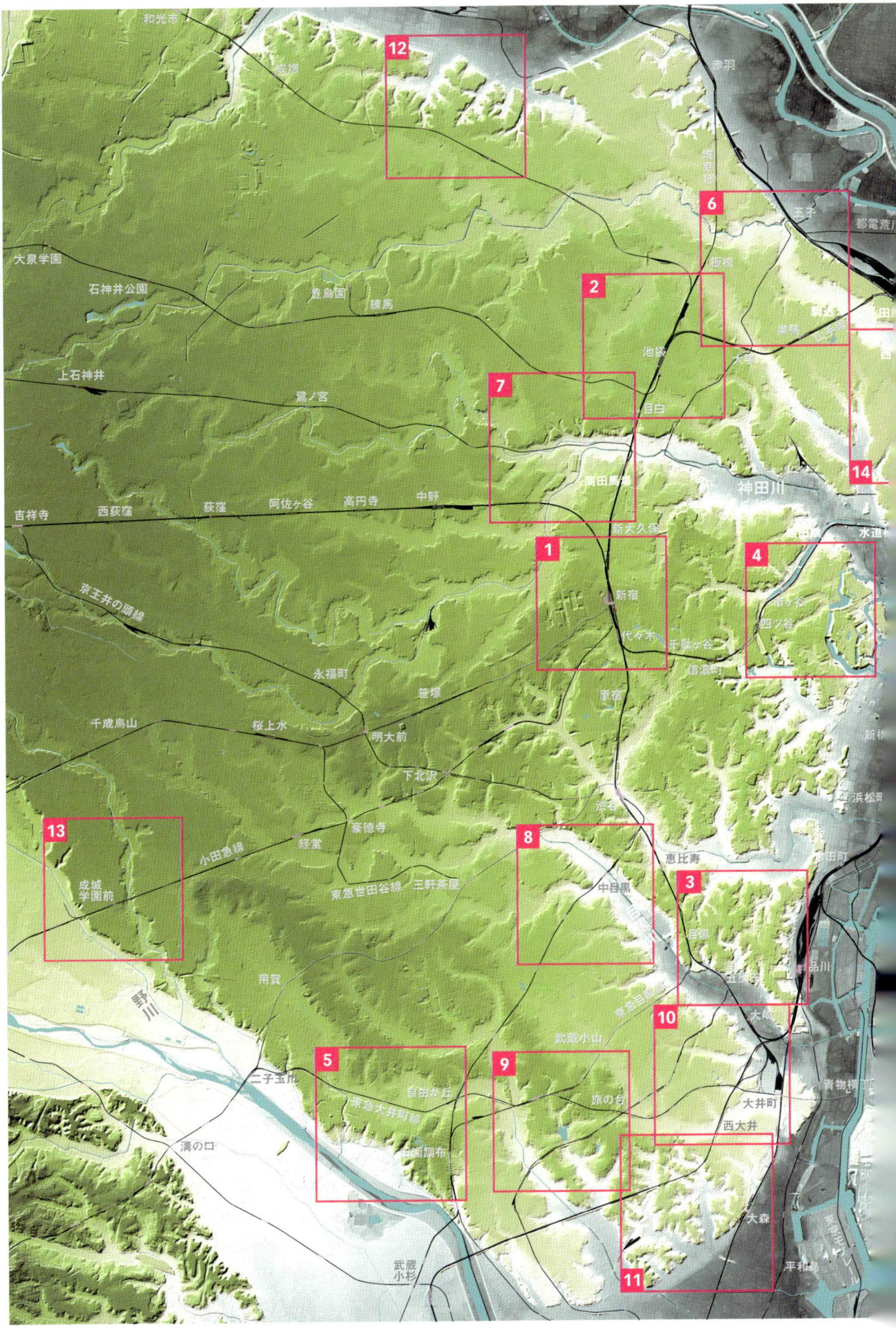
和光市
成増
赤羽
埼京線
王子
板橋
大泉学園
石神井公園
豊島園
練馬
巣鴨
池袋
上石神井
鷺ノ宮
目白
高田馬場
神田川
吉祥寺
西荻窪
荻窪
阿佐ケ谷
高円寺
中野
新大久保
市ケ谷
四ツ谷
新宿
代々木
千駄ケ谷
信濃町
京王井の頭線
永福町
笹塚
原宿
千歳烏山
桜上水
明大前
下北沢
渋谷
恵比寿
豪徳寺
経堂
小田急線
成城学園前
東急世田谷線
三軒茶屋
中目黒
目黒
五反田
品川
用賀
野川
大崎
東急目黒線
武蔵小山
二子玉川
自由が丘
東急大井町線
旗の台
大井町
西大井
青物横丁
溝の口
田園調布
大森
平和島
東京モノレール
武蔵小杉
1
2
3
4
5
6
7
8
9
10
11
12
13
14

横浜広域マップ

綱島
JR東海道新幹線
JR横須賀線
JR南武線
尻手
川崎
京急本線
鶴見川
横浜市営地下鉄ブルーライン
新羽
北新横浜
大倉山
東急東横線
八丁畷
京浜東北線
鶴見市場
川崎新町
鶴見
新横浜
妙蓮寺
JR横浜線
花月園前
国道
鶴見小野
弁天橋
浅野
JR鶴見線
生麦
大口
片倉町
白楽
新芝浦
浜安善
海芝浦
新子安
新興
子安
東白楽
神奈川新町
三ツ沢下町
東神奈川
仲木戸
反町
神奈川
横浜
新高島
平沼橋
高島町
みなとみらい線
みなとみらい
戸部
西横浜
馬車道
桜木町
日ノ出町
関内
日本大通り
伊勢佐木長者町
元町・中華街
黄金町
石川町
阪東橋
南太田
吉野町
蒔田
山手
根岸
JR根岸線・京浜東北線
神奈川臨海鉄道
16 下末吉
17 横浜
[標高]
~0m
1m
2m
5m
10m
15m
20m
30m
40m
50m
75m
N
0
500
1000
2500m

本書の見方

エリア凹凸地形図

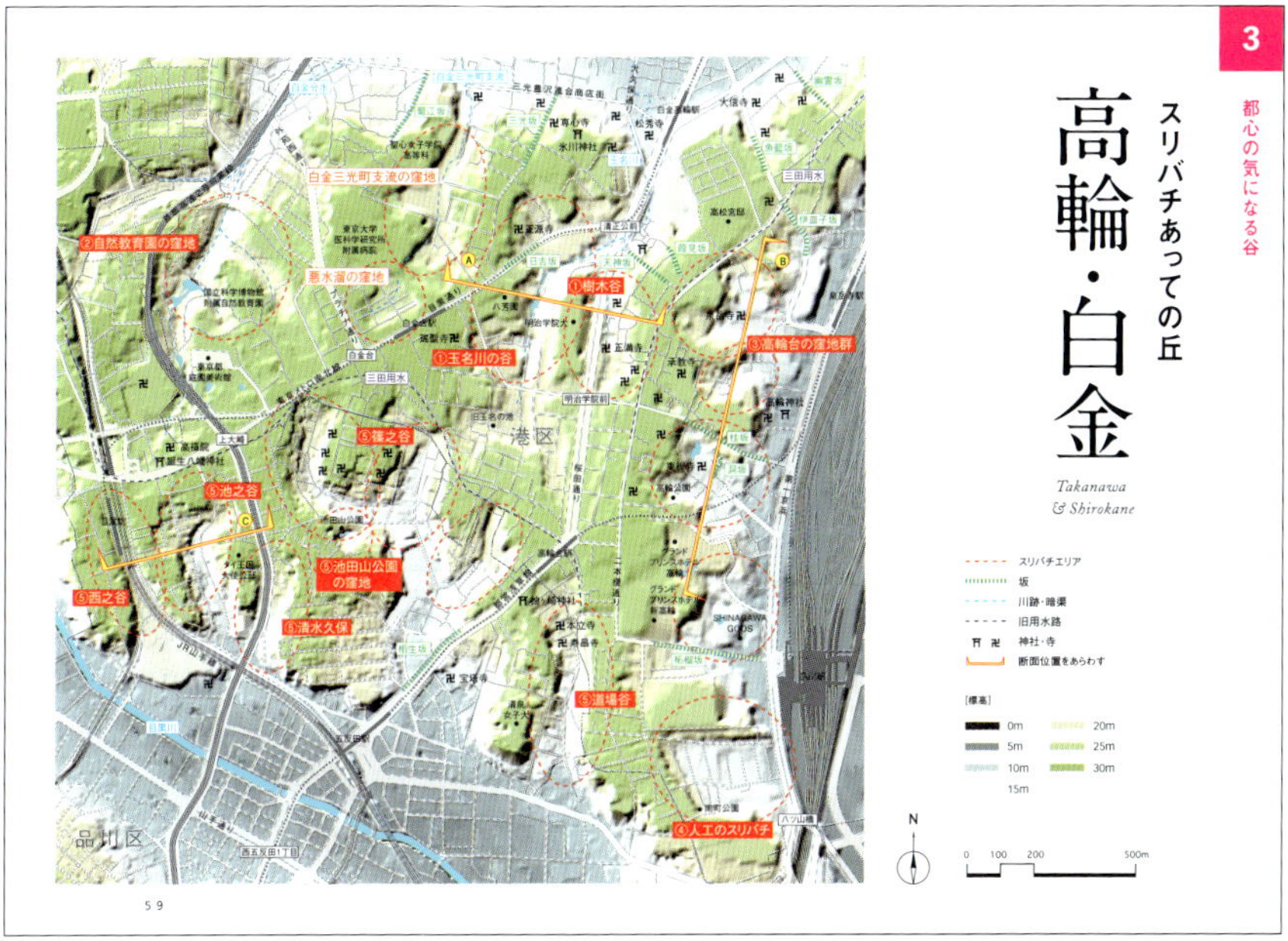

各エリアの地形図は真北を上とし、縮尺はそれぞれ記載の通りです。坂、川跡・暗渠、旧用水路、神社・寺を表すアイコンは凡例の通り。スリバチエリアなどにふられた番号は本文中の小見出しに対応しています。断面線は同記号の断面図に対応しています。標高は各地形図に示した通り、高さごとに色分けして表現しています。各標高における色は地形図ごとにそれぞれ違いますので、ご留意ください。

[凡例]

- - - - - スリバチエリア
- 坂
- - - - - 川跡・暗渠
- - - - - 旧用水路
- ⛩ 卍 神社・寺
- 断面位置をあらわす

[標高] ＊各標高における色は地形図毎に異なります

0m	20m
5m	25m
10m	30m
15m	35m

[方角とスケール] ＊縮尺は地形図毎に異なります

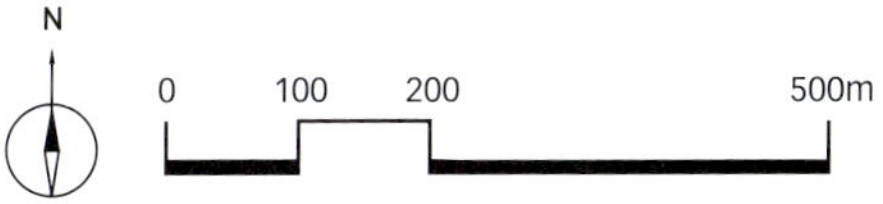

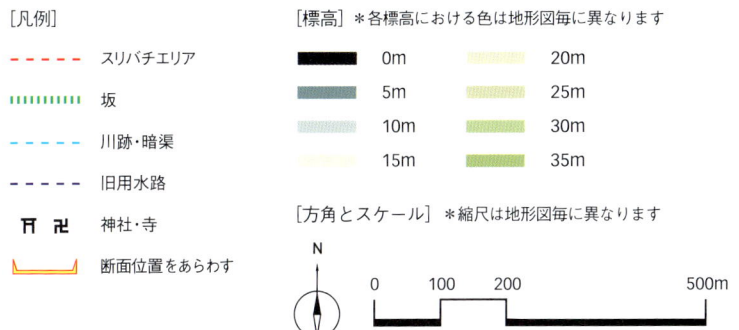

断面模式図

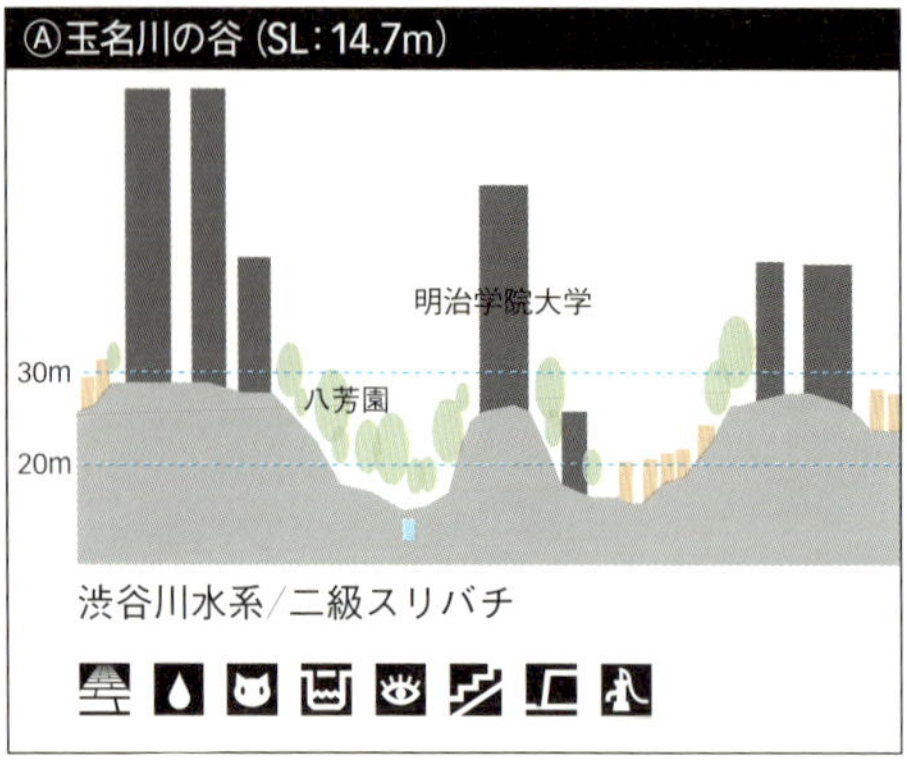

- 路地あり
- 湧水あり
- 猫多し
- 暗渠あり
- 眺望ポイントあり
- 階段あり
- 井戸あり
- 崖あり

地形図中のスリバチに記した断面位置の断面図。高低差を分かりやすく表現するために地形と建物の高さを2倍に強調し、模式的に描いたものです。図左の数値は海抜を示します。「SL」はスリバチレベル（谷底の海抜）を示します。断面模式図のアイコンは、そのスリバチで見ることのできる、「東京スリバチ学会」が偏愛するモノたちを表します。

断面展開図（イメージ図）

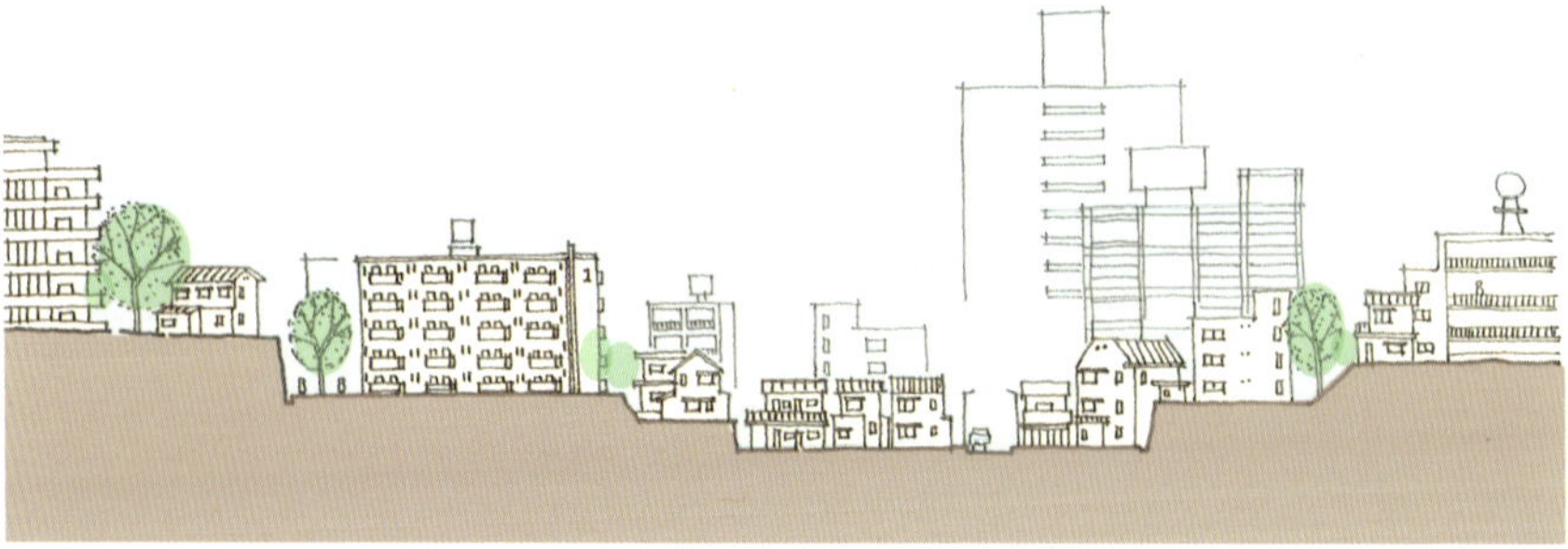

建物の意匠や表情はあくまでもイメージとして描いたもので、
実際と異なる場合があります。

I

「スリバチ」を楽しむ

～スリバチ再入門～

1　スリバチ地形のおさらい

エリア別の紹介をはじめる前に、本書で取り扱う東京・山の手に点在するスリバチ状の地形と、東京スリバチ学会が着目している事象を簡単におさらいしておきたい。

スリバチの都、東京とは

「山の手」と呼ばれる東京都心部は、武蔵野台地（洪積台地《こうせきだいち》）が東京湾に迫り出した東の端に位置し、西から東へと流れる河川が台地を深く刻み、その河谷《かこく》で隔てられた丘が列を成して連なる、特徴的な地形を呈す。河谷を流れるのは神田川・渋谷川・目黒川といった都市河川、分断された台地はローマにも比類する「7つの丘」を成している。段崖状の河谷は、上流へと遡るにしたがい、鹿の角のように枝分かれし、台地の奥へと入り込んでいる。そして谷の先端部（谷頭《こくとう》）では3方向を丘で囲まれた馬蹄形《ばていけい》の、あるいは「スリバチ状」の窪地を多く見ることができる。

東京都心で見られる凹凸地形の谷形状は、山間部で見られるような山と谷が織りなすV字状の侵食谷とは異なり、平らな台地面を抉《えぐ》り取ったようなU字状なのが特徴だ。赤城山の麓から上京した自分にとっては、それら谷や窪地の形状がとても不思議に思え、勝手ながらもその第一印象から「スリバチ」と命名した。2003年にランドスケープアーキテクトの石川初氏と東京スリバチ学会を立ち上げ、気ままなフィールドワークとその記録を続けて10年が過ぎた。

実際に歩いてみるとよく分かることだが、「坂の町」と言われる東京の山の手の坂は、実は下りては上る「対の坂」、すなわち谷越えの坂が多く、丘と谷が織りなす微地形が都心の景観に変化と奥行きを与えている。

例えば、渋谷では駅を挟んで向かい合う宮益坂と道玄坂がよい例だし、谷中では不忍《しのばず》通りの両側に団子坂と三《さん》崎《さき》坂が向かい合っている。お気づきの通り、渋谷・谷中ともに地名に「谷」の文字が含まれ、これらの町が谷地形にあることを暗示している。この他にも四谷・市ヶ谷・千駄ヶ谷をはじめ、雑司《ぞうし》ヶ《が》谷《や》、茗荷《みょうが》谷《だに》など、「谷」の付く地名は山の手に散在していて、東京を知るキーワードの1つに違いないのだ。

全国的に一番多い地名の付けられ方は、地形の特色を表現する自然地名と言われる。地形的変化に富む東京都心部には、そのような「谷」の付く地名以外にも、「窪（久保）」、「沢」、「池」の文字を多く見つけることができる。それらは地形的に盆地や谷地形である場合が多く、例えば大久保は蟹川の氾濫原だった広大な盆地を呼ぶとする説を前作で紹介したし、池尻は北沢川と烏山川の合流する地帯で、大雨の際は水が滞留して大きな池から川が流れ出る場所、すなわち「池の端」に起因することを述べた。これら谷地形の存在を示唆する地名を「スリバチコード」と呼び、地図上から、谷や窪地を見つける有力な手がかりとしている。

ちなみに、スリバチコードの他に、「田」は低地・湿地を示す記号と言える。千代田、宝田、祝田をはじめ、神田、桜田、早稲田、蒲田、羽田、そして田町が該当する。いずれの町も都市化する以前は、低湿地に水田が広がる一帯であった。

凹凸地形は世界でもめずらしい東京の財産

こうしたスリバチ状の谷地形は、どうやら世界の何処にでも存在する類のものではないようだ。関東ローム層と呼ばれる火山灰が風化してできた赤土と、東アジアモンスーン地帯特有の降雨量の多さという複数の条件が重なることで形成されたものなのだ。透水性の高いローム層は水を含むと崩れやすいことから、侵食面は急峻《きゅうしゅん》な断崖《だんがい》状となりやすく、谷はフィヨルドのようなU字状を成す。ローム層がこの地に厚く堆積したのは、偏西風の風上に大規模な噴火をかつて繰り返した活火山（富士・箱根火山帯）が存在したためで、火山灰台地が豊富な雨量で涵養《かんよう》され、湧水を流出させてスリバチ状の谷が生まれた。

この独特な地形を下敷きにして巨大都市、東京は独自の歴史を歩んできたわけだが、江戸から東京へと続く都市発展の中でも、その地形的な特徴は大きく失われることがなかった。それは、東京が江戸期という比較的古くに発展した町ゆえ、現代のような土地の大規模な改変が行われずに、むしろ地形に即した町の建設がなされたからだ。さらには、江戸が消費を主とした消費都市だったことに加え、ローム層の台地が水を得にくかったために、灌漑《かんがい》・水田化といった稲作に必要な大規模な土地改変を受けなかったことも挙げられよう。戦後から現代における都市開発では、地勢を活かすというよりも、土地を商品とみなし、均質化や平準化が目指された。近代の都市開発あるいは宅地造成によって原地形を失った町は多い。しかし東京という町は、近代化の洗礼を受ける以前に、既に市街地として成熟していたことが幸いしたとも言える。そんな偶然の積み重ねで現代に至った東京のスリバチ地形は、東京という町のかけがえのない財産なのだと思う。

スリバチの第一法則、第二法則

ここにしかない地形を下敷きに、固有な発展を続けた東京という町は、結果的に規則性のあるユニークな景観、あるいは様相を示している。東京スリバチ学会が「スリバチの第一法則」「スリバチの第二法則」と呼んでいる

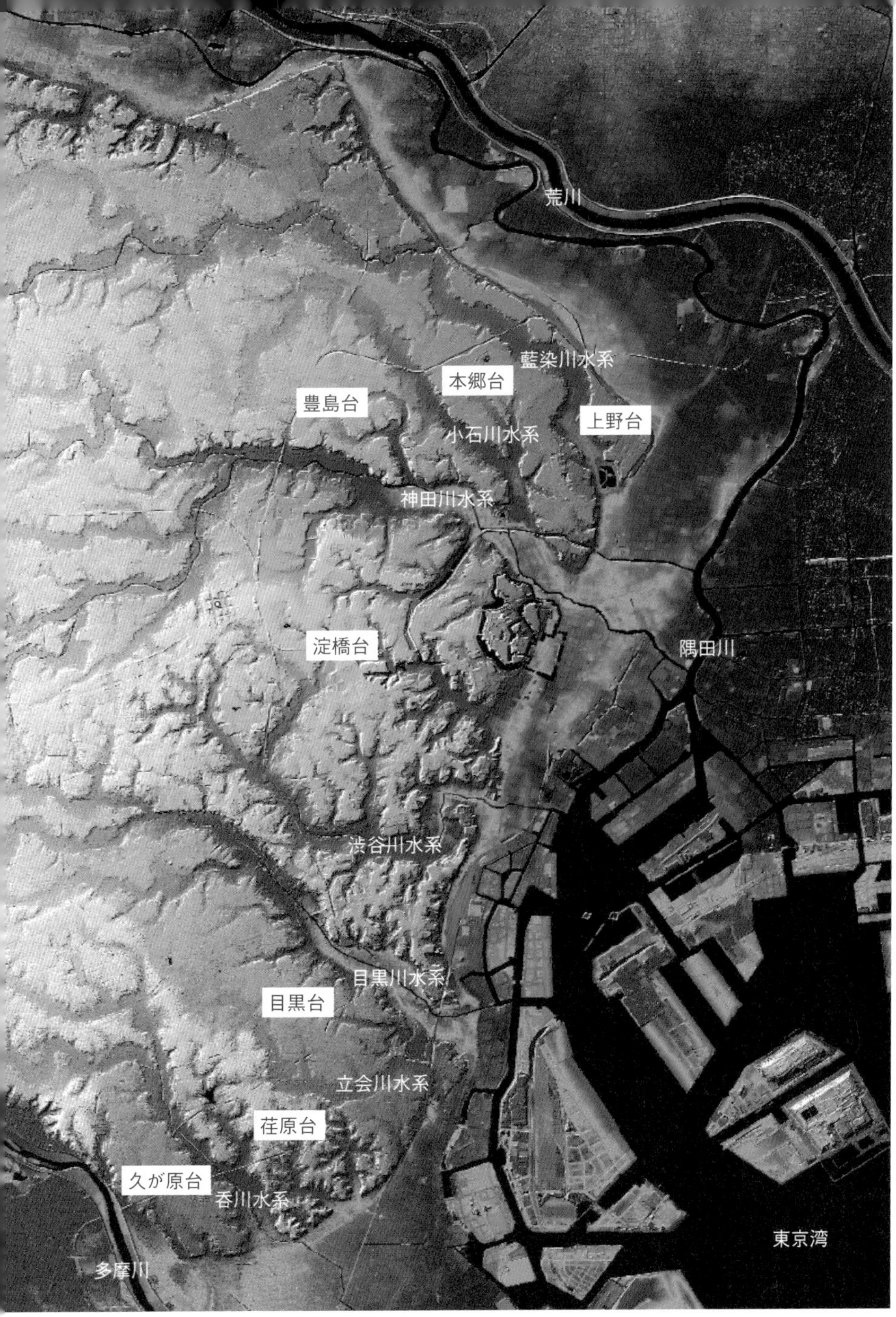

東京の地形図　標高10m以下を青色で表現している。武蔵野台地は谷に分断され、7つの丘が連なった形となっている（国土地理院、数値地図5mメッシュ（標高）「東京都区部」、カシミール3Dにより作成）

ものを紹介したい。

　まず「スリバチの第一法則」とは、地形の起伏を強調するかのように建物が立ち並んでいる、ということだ。丘の上には高層の建物が並び、丘の麓《ふもと》には低層の建物が軒を並べている。住宅地では丘の上に中高層の「集合住宅」が立ち並び、丘の麓の低地では、低層の「住宅が集合」している場面をよく見かける。建築物の織りなす都市のスカイラインが土地の起伏を増幅している、とも言えよう。言い方を変えれば、スカイラインを見ることで地形の起伏が想像できるということでもある。こうした様相は都心、郊外を問わず、都内の様々な場所で観察できる。

　そして「スリバチの第二法則」とは、台地と低地が断崖で隔てられているように、丘の上の町と谷の町は連続していない、ということだ。地形の断崖がそのまま町の境界となり、町は不連続な様相を見せている。地形の高低差によって、性格の異なる町が隣り合ってはいるが、往来が限定されている。例えば、谷の町の

スリバチの第一法則事例1　谷底に低層の建物が、高台に高層建築が立つ様子がよく分かる（港区六本木3丁目）

スリバチの第一法則事例2　東京ミッドタウンのある高台から窪地を眺める。対岸の緑は乃木神社、後方は青山の台地（港区赤坂9丁目）

路地は崖で行き止まりになっていることが多く、丘に上る道は限られているので、徘徊中に谷町から出られなくなることがある。これを「スリバチに嵌る」とも言っている。

東京は捉えどころのない町とも言われるが、地形と都市の関係においては、このように法則性、あるいは基本構造と呼べるものが確かに存在している。

法則はどのように生まれたか

それでは、地形の起伏に呼応するかのような町の規則性はどのように生まれたのだろうか。ここでは山の手の台地とそこに刻まれた窪地・谷地に焦点をあて、変遷を振り返っておきたい。

江戸時代、山の手の台地には主に大名屋敷や武家屋敷が割り当てられた。大名屋敷の中には、谷地形を取り込んで大名庭園の一部に活用したものもあった。幕藩体制が崩壊し明治の世になると、その跡地は近代国家の首都東京に必要な様々の都市機能を盛り込む格好

スリバチの第二法則事例1　我善坊谷の路地は崖で行き止まりとなっている。丘の上に立つのは麻布郵便局の建物（港区麻布台1丁目）

スリバチの第二法則事例2　路地が断崖で閉じられ、町に不連続面があることが分かる。丘に上る道は限られている（港区元麻布2丁目）

の器となった。政府関係の機関や各国の大使館、そして学校や病院など、大規模な施設が広大な敷地を活かし、再開発ではなく置換によって新時代への対応が円滑に成し遂げられた。大名庭園というゆとりある区画が確保されたため、19世紀のヨーロッパの都市が経験したような都市の大改造をすることもなく、敷地割りや道筋もそのままに、江戸は明治へと継承されたとも言えよう。

一方、山の手にある谷地や窪地などの多くが沼沢地・湿地帯であったため、江戸初期では主に水田に利用されたものが多かったが、明暦の大火（1657年）以降の江戸の拡大に伴い、町人地や組屋敷（下級武士の屋敷）に利用されていった。河川に沿った百姓地がスプロール化して町人地になった場所もある。そして江戸から東京へと続く町の開発の過程でも、谷地や窪地の下町も台地と同様、あまり土地の区画割を変えることなく、敷地の範囲内で建物が入れ替わることが多かった。

こうして、台地上の大区画の敷地が都市開発で高層化されてゆく一方、谷地では小区画のまま小規模建物が建て替

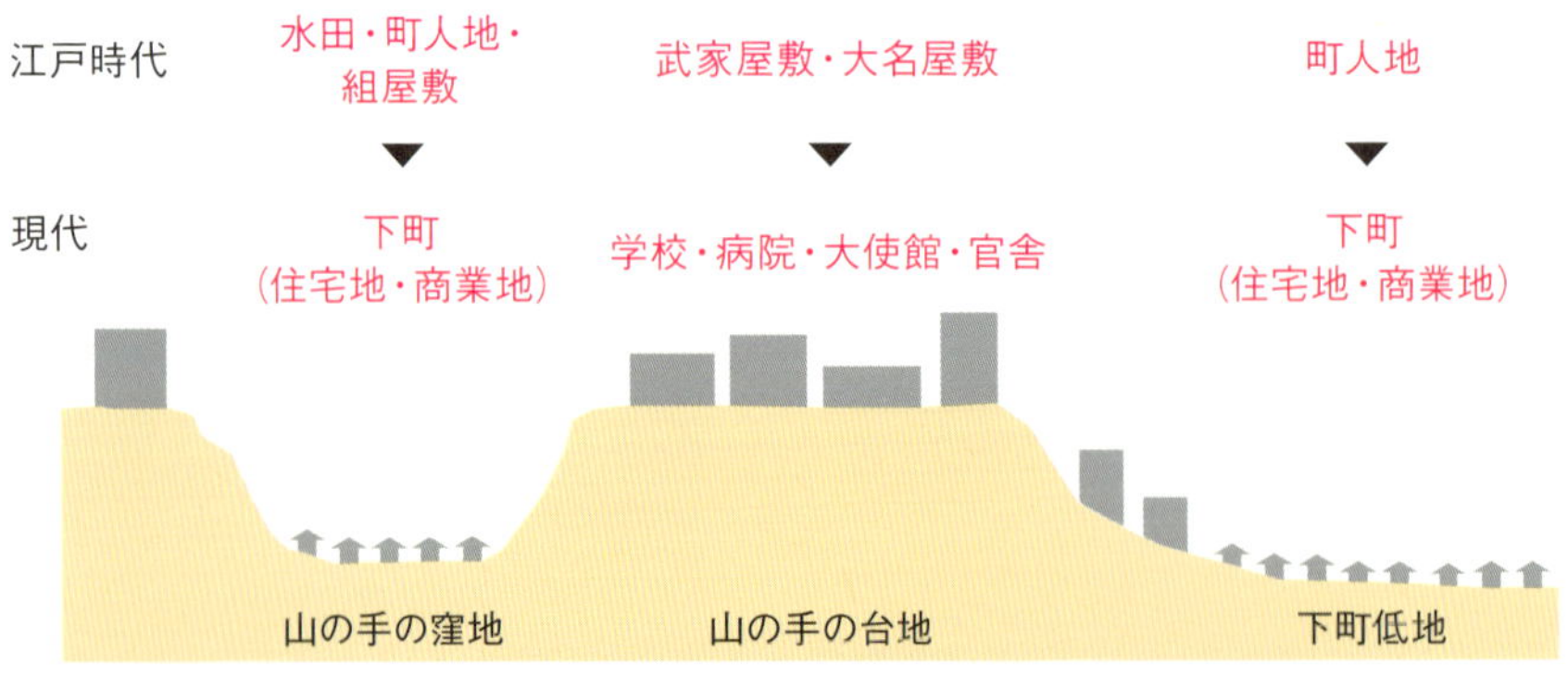

東京の町と地形の変遷説明図

えられていくこととなり、地形の起伏と建物規模の大小が呼応し、さらには増幅するようになったのだ。同時に、段丘状の地形によって町の住み分けがなされ、地形的な上下の町で異なった個性が育まれてきたのだろう。

スリバチ地形を活かした3つのタイプ

都内のスリバチ地形では、その土地利用から大きくは3つのタイプに分類できそうである。東京スリバチ学会では、これらを「下町系スリバチ」・「公園系スリバチ」・「再開発系スリバチ」と呼んでいる。

下町系スリバチとは元々、水田や農村集落、あるいは下級武士の屋敷地等だった場所で、既に触れた明暦の大火などの江戸を襲った火事や、震災・戦災といった、時代のターニングポイントで都市が肥大する際に、後発的に町として生まれた場所であり、商店街や歓楽街もあれば、住宅地の場合もある。具体的事例としては、谷中を代表に、染井銀座や霜降銀座、戸越銀座などが概当し、詳細は2部で触れてゆきたい。

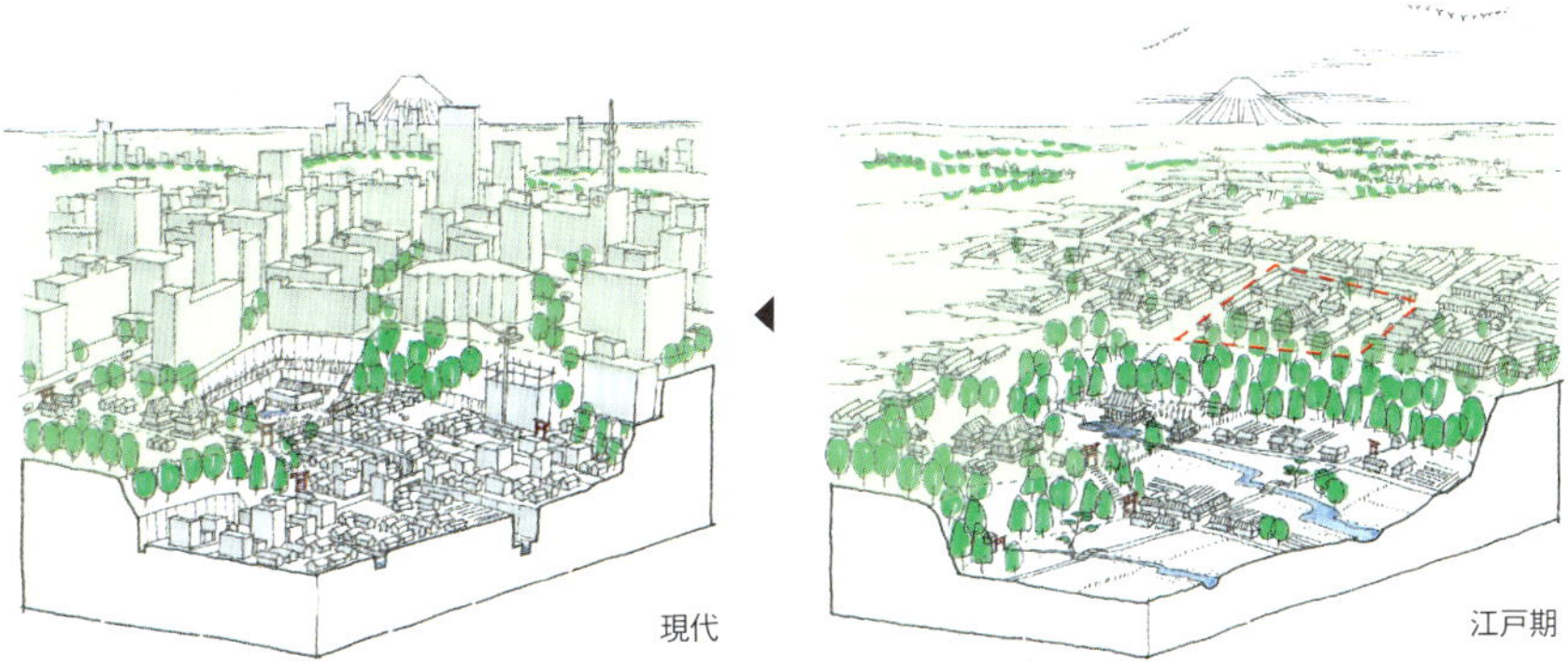

下町系スリバチの変遷イメージ
江戸時代、台地と窪地で住み分けが成されていた場所は、下町系スリバチとなっている事例が多い

一方、公園系スリバチの方は、江戸時代には大名屋敷の庭園に取り込まれていた場所が多く、明治以降に個人や企業の所有地を経て、公園として開放されてきた場所だ。いずれも江戸の庭園文化を伝える遺産が多く、豊かな水系を持つ東京という都市のかけがえのない観光資源・都市遺産と言える。前作で紹介した公園系スリバチとしては、有栖川宮記念公園（旧盛岡藩南部家下屋敷）、新江戸川公園（旧熊本藩細川家抱屋敷）、鍋島松濤公園（和歌山藩徳川家下屋敷）、東京大学本郷キャンパスの三四郎池（加賀藩前田家上屋敷）、ホテル椿山荘東京（旧黒田家下屋敷）、林試の森公園、赤羽自然観察公園などがあった。本書でも新宿御苑や白金の自然教育園、戸越公園など、身近にありながら見過ごされがちな事例を紹介してゆく。

さらに、谷戸地形を丸ごと再開発した事例は「再開発系スリバチ」と呼んでいるが、都心の大規模再開発であるアークヒルズ、六本木ヒルズ、東京ミッドタウンなどがこれに該当する。

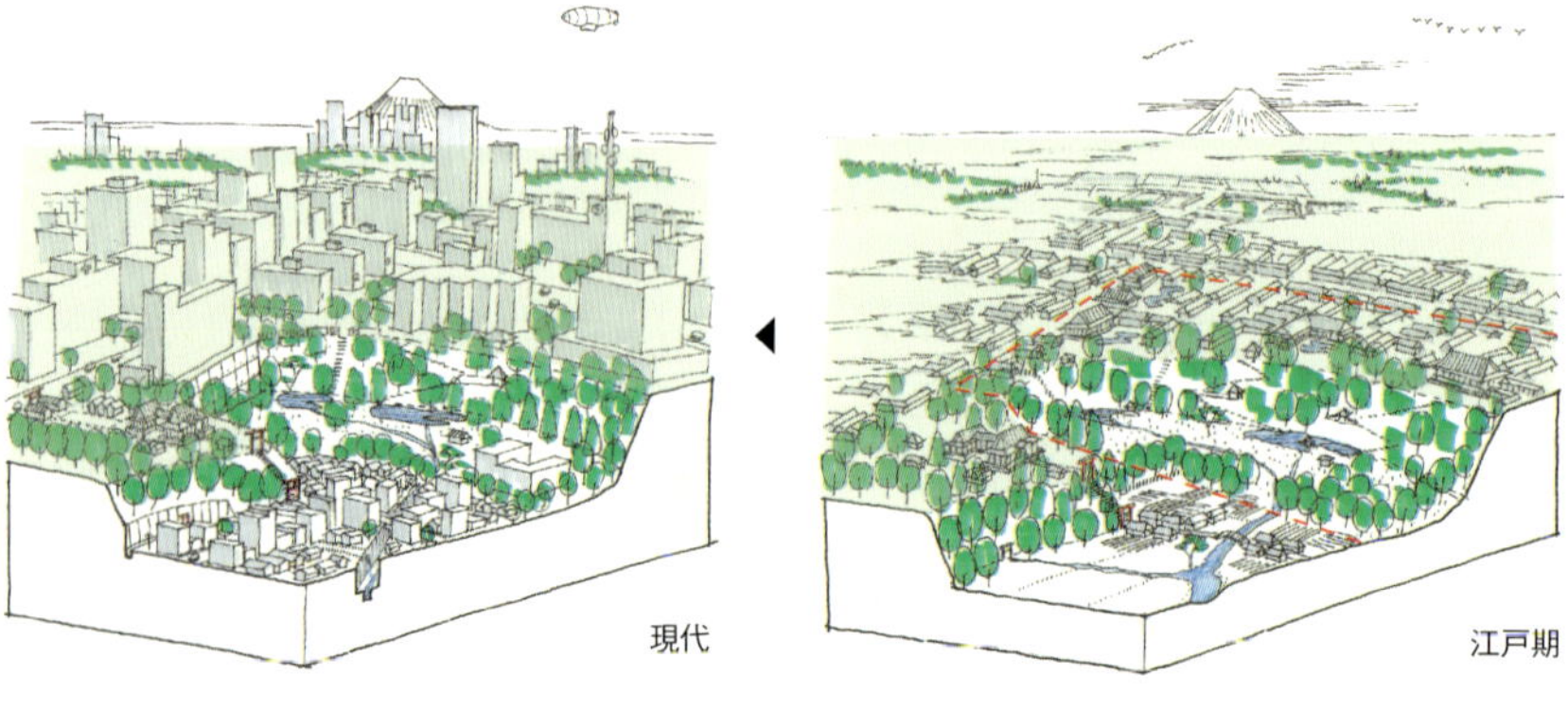

公園系スリバチの変遷イメージ

谷戸を大名庭園に取り込んでいた場所の多くは公園系スリバチとなっている

下町系スリバチ事例２　渋谷川の川跡であるキャットストリートへ向かう隠田商店街も、小さな河谷の商店街である（渋谷区神宮前６丁目）

下町系スリバチ事例１　原宿の竹下通り裏にあるブラームスの小径は、渋谷川支流の川跡でもある（渋谷区神宮前１丁目）

公園系スリバチ事例２　林試の森公園の川の流れは復元されたものではあるが、谷戸地形の醍醐味を味わうことができる（目黒区下目黒５丁目・品川区小山台２丁目）

公園系スリバチ事例１　鍋島松濤公園は大名庭園が起源で、明治になってからは灌漑・防火用の溜池として活用されてきた（渋谷区松濤２丁目）

再開発系スリバチ事例２　東京ミッドタウンに隣接する檜町公園は谷戸の湧水池を起源とする。旧防衛庁跡地を檜町公園と一体開発した事例（港区赤坂９丁目）

再開発系スリバチ事例１　六本木ヒルズの毛利庭園の池は、毛利家上屋敷の湧水池（通称ニッカ池）を起源としている。日下窪と呼ばれた窪地と周辺台地一帯を再開発した代表的な事例（港区六本木６丁目）

スリバチの等級

東京スリバチ学会では、谷や窪地の「囲まれ度合い」によって、1から3までの等級を与え記録を続けている。まずは、下りては上る、通常の谷地形を「三級スリバチ」と定義する。

次に3方向を丘で囲まれた窪地を「二級スリバチ」と呼んでいる。武蔵野台地の谷は、上流部に遡ると3方向を丘で囲まれた谷頭に辿り着けるのだが、こうした谷の先端部分が二級スリバチだ。

そして4方向を囲まれた正真正銘のスリバチ地形を「一級スリバチ」と呼んでいる。自然の河川がつくる河谷ではあり得ない地形だが、谷の出口が人為的に塞がれることで、「一級」と認定できる事例が都内でも多く発見されている。前作では新宿区荒木町や港区の悪水溜を取り上げたが、本書第2部でも、興味深いエピソードを秘めた一級スリバチ事例を紹介してゆきたい。

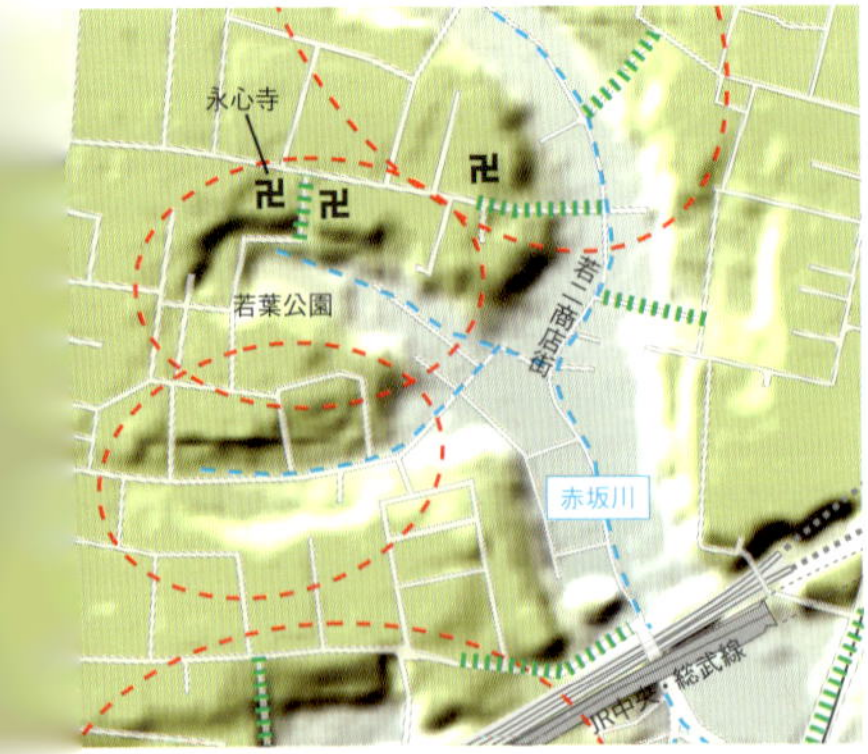

二級スリバチ事例
鮫河橋谷とその支谷群（新宿区）

一級スリバチ事例
悪水溜と呼ばれた窪地（港区）

若葉公園のスリバチ地形を俯瞰する　谷底が低層の住宅密集地、斜面地が寺院と墓地、そして丘の上に立つ高層建物が谷戸を囲んでいる様子がよく分かる。若葉公園を谷頭とするこの典型的な二級スリバチはかつて鐙ヶ淵と呼ばれていた（新宿区若葉3丁目・須賀町）

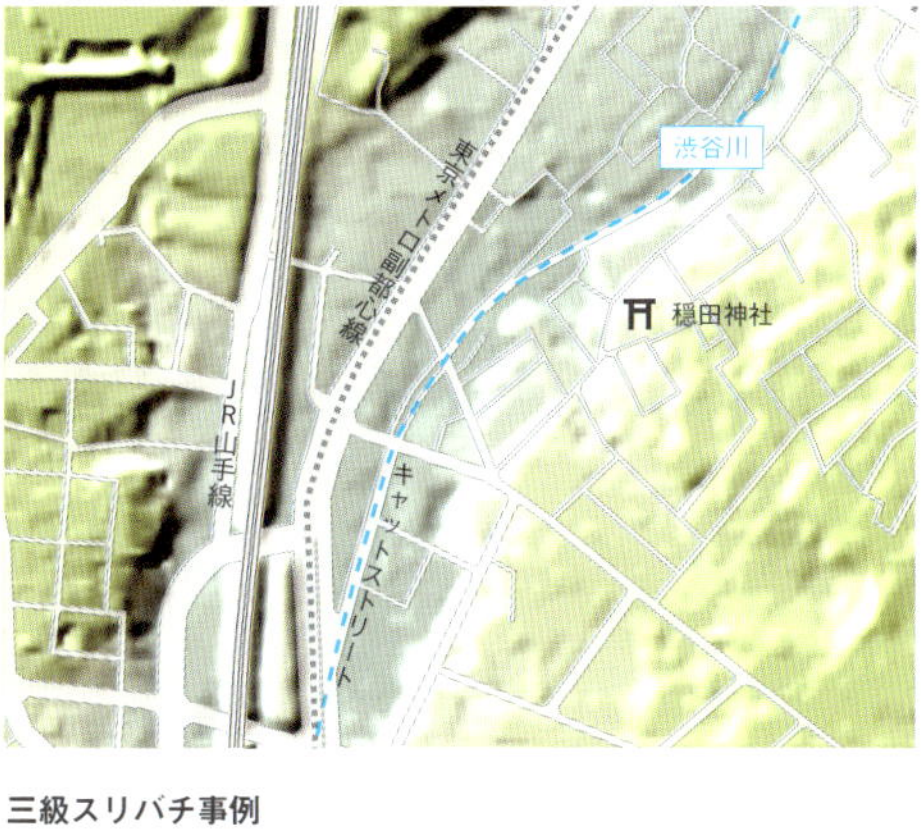

三級スリバチ事例
キャットストリート（渋谷川跡）の谷（渋谷区）

2 スリバチの楽しみ方の深化

自分の足で歩くことがスリバチ地形を楽しむ基本ではあるが、地形にまつわる歴史的な変遷を地図上で振り返ったり、鳥の目線で地形を広域に眺めるのも一興である。ここではそんな、凹凸地形のささやかな楽しみ方を紹介したい。

歴史を歩んだスリバチ地形

近代以前に都市化が進んだ江戸・東京の都心部には、造成という土地改変の洗礼を回避したエリアが多く残る。その前提で、現在の標高データを1884年（明治17）に作られた参謀本部陸軍部測量局の「東京五千分ノ一図」（古地図史料出版株式会社）に重ね、凹凸加工を施してみた。地形と土地利用の相関や街路の変遷を見出す助けとなろう。

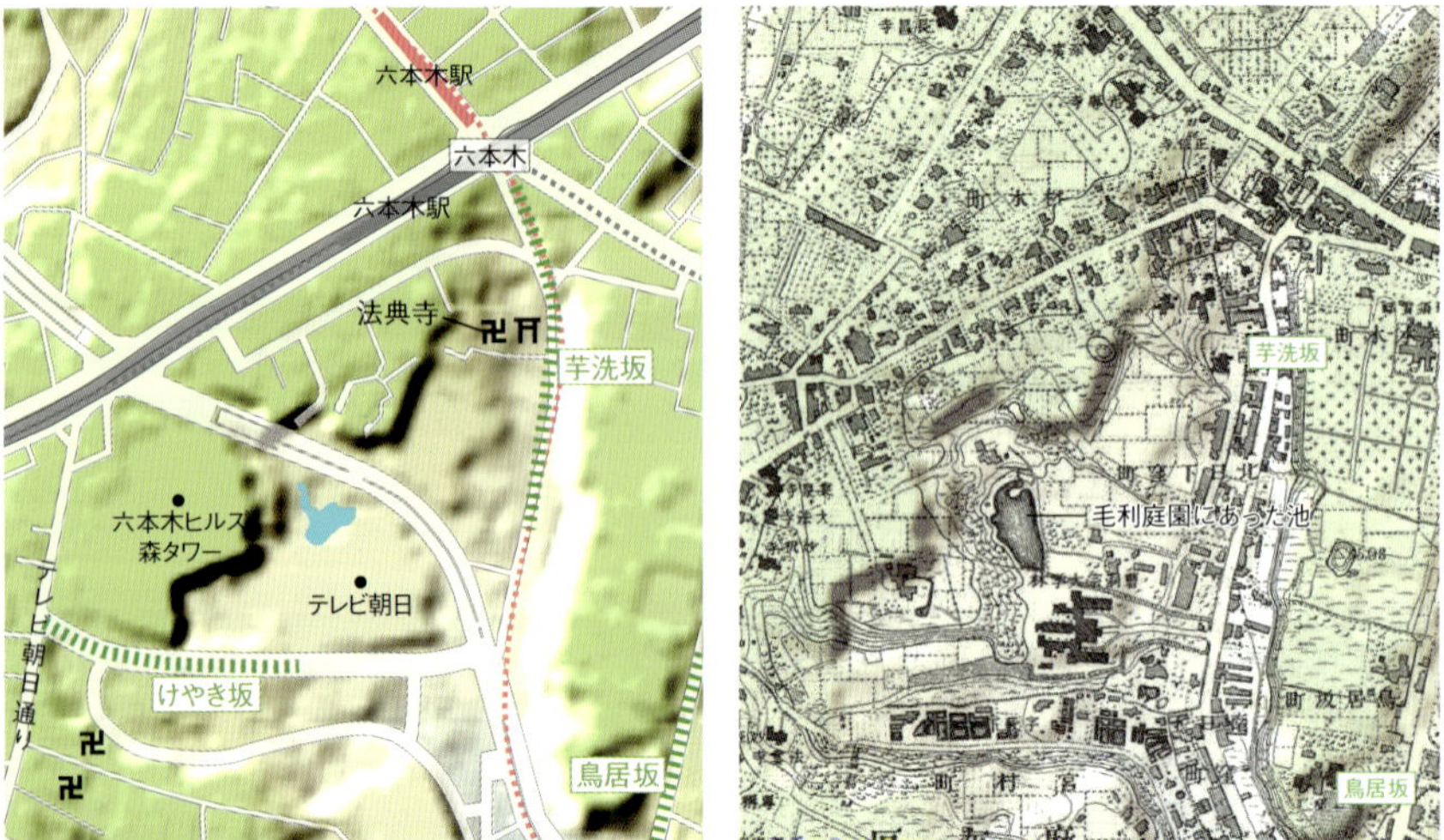

六本木ヒルズ周辺の地形図比較
芋洗坂の中腹には「北日下窪町」の文字が見える。六本木ヒルズの「毛利庭園」の起源、毛利家上屋敷の庭園内にあった池が、窪地の中央に残っているのも分かる。「けやき坂」付近には、麻布十番方面へと流れる細い川もあったようだ。

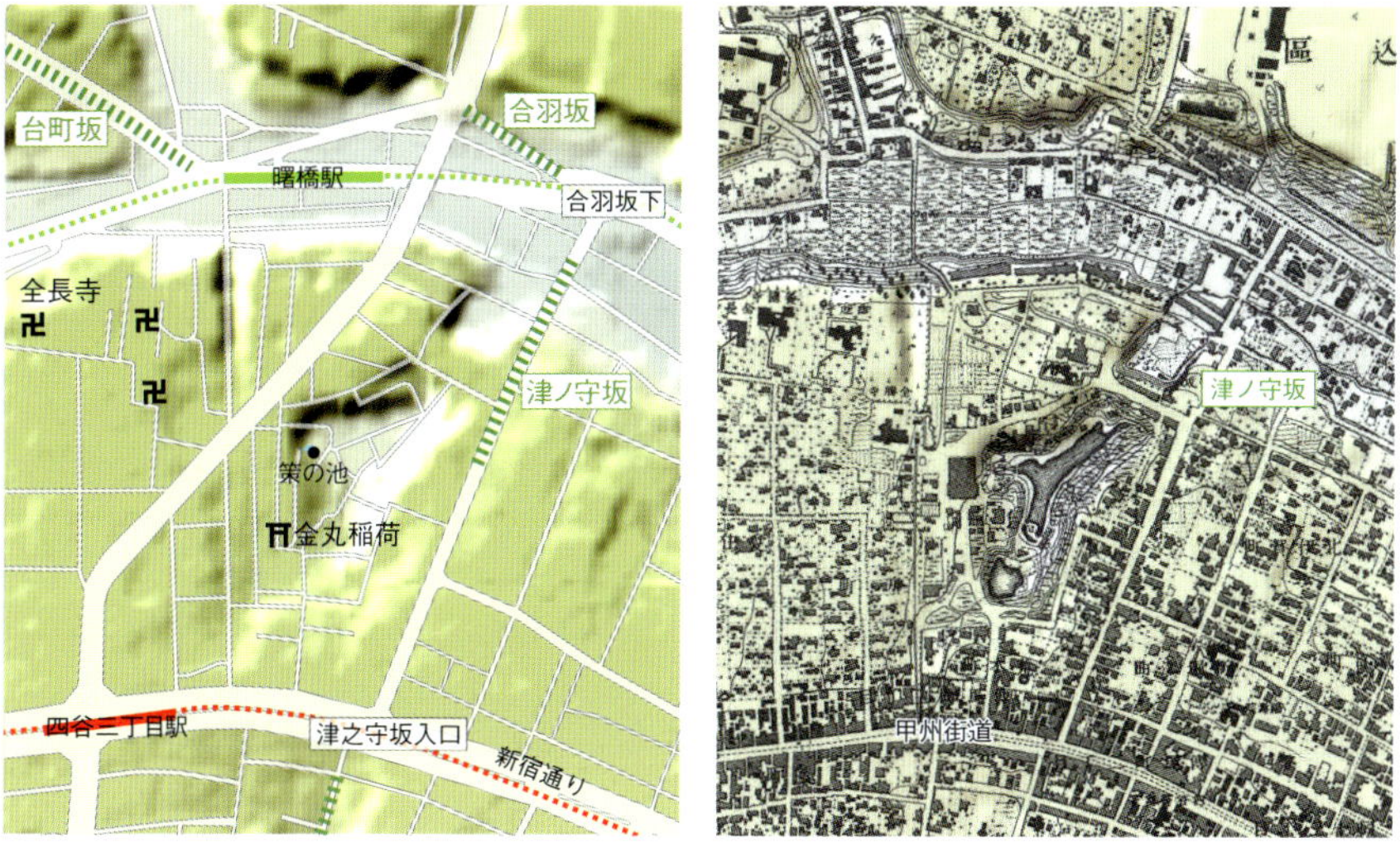

四ツ谷荒木町周辺の地形図比較

松平摂津守の大名庭園にあったと思われる大きな池が、まだ残っている。池の西側、比較的大きく整形な建物は芝居小屋だろう。曙橋駅周辺や靖国通りとなる低地は、水田に利用されていたのも分かる。新宿通り（甲州街道）沿いのにぎわいとは対照的である。

本郷菊坂周辺の地形図比較

菊坂の谷筋には町屋が並び、裏手に川が流れていた様子が分かる。西方町の台地に点在する邸宅の広さと対照的だ。この界隈は街路の構成もあまり変わっていないようだ。白山通りとなる低地には、川が流れていた。

空から見たスリバチ

都心の代表的な展望スポットからの眺めと、カシミール３Ｄで作成した鳥瞰図を比べてみると、凹凸地形と町の成り立ちに深い関係性のあることが分かる。建物が地形の起伏を強調する様子は、町歩きの目線だけではなく、空からの目線でも観察できることがお分かりいただけるだろう。

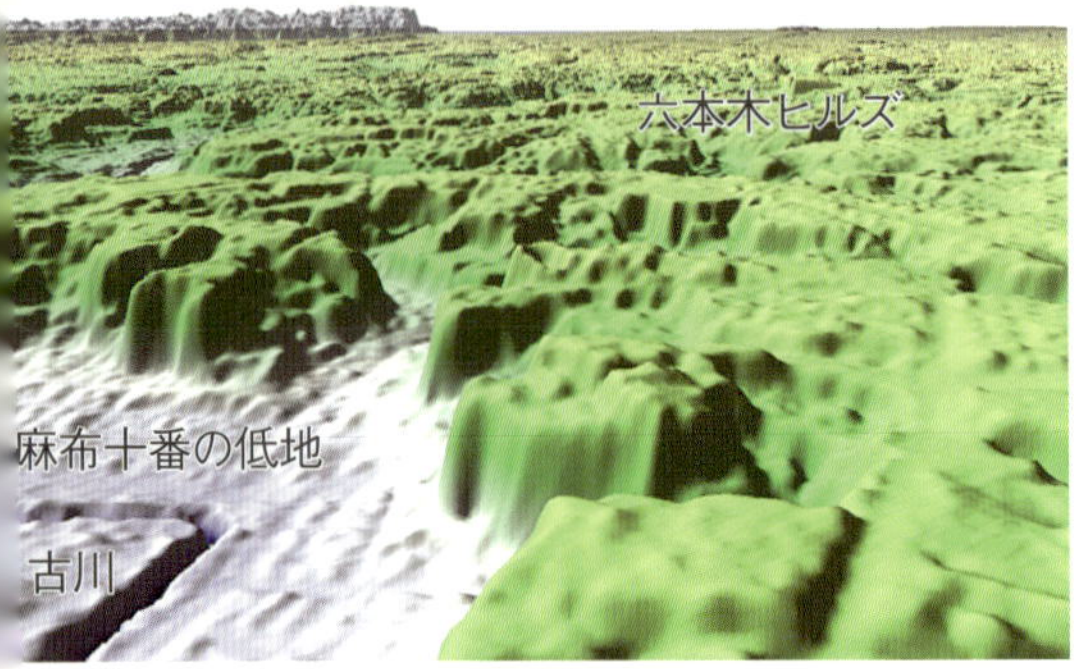

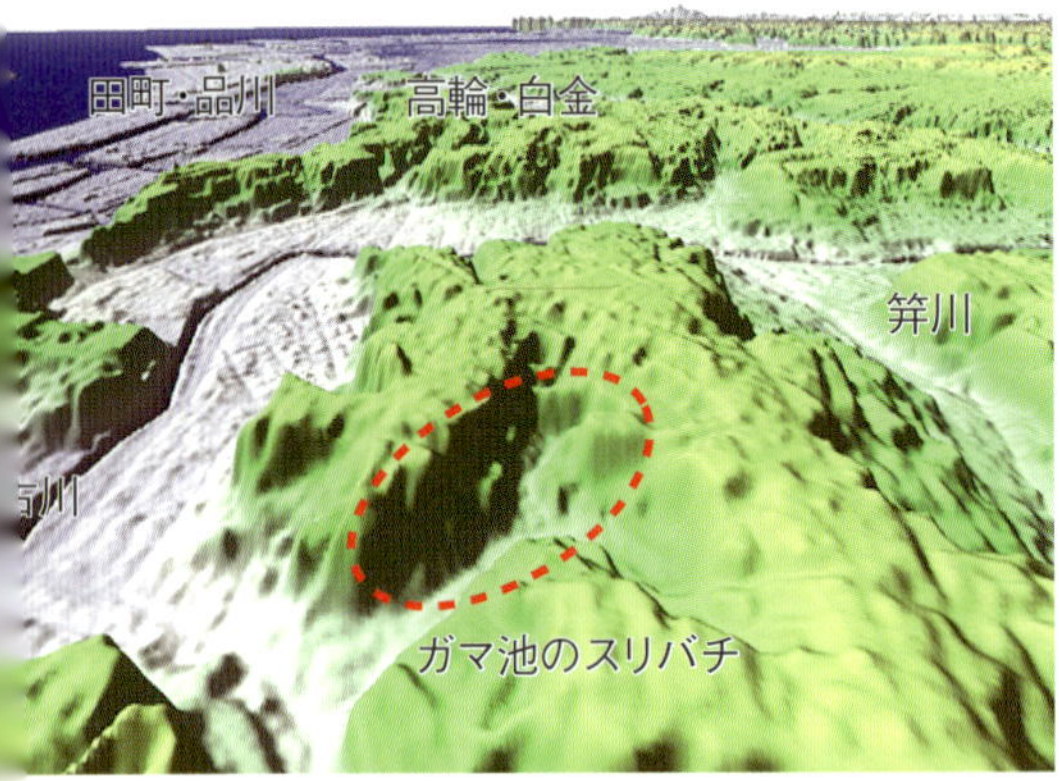

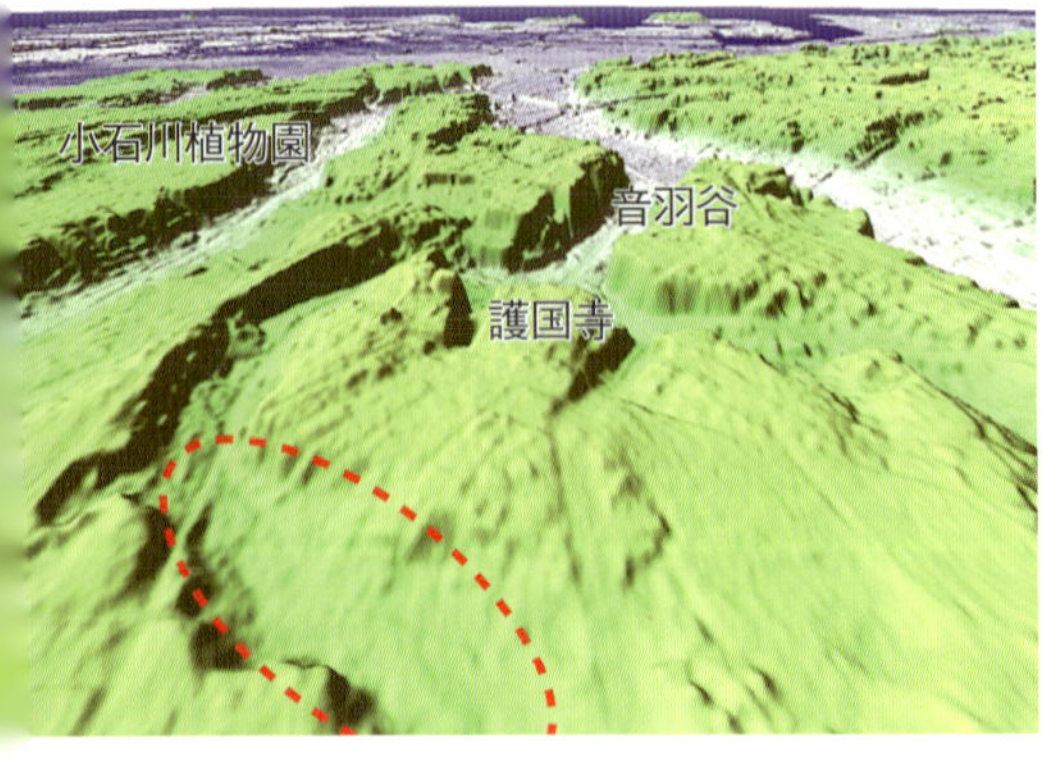

東京タワーからの眺め
六本木ヒルズ方面を眺めると、平坦な台地が続き、台地と低地では建物規模に違いがある事がよく分かる。すなわち、台地には中層・高層のビルが立ち並び、麻布十番の低地には小さな建物が密集している。

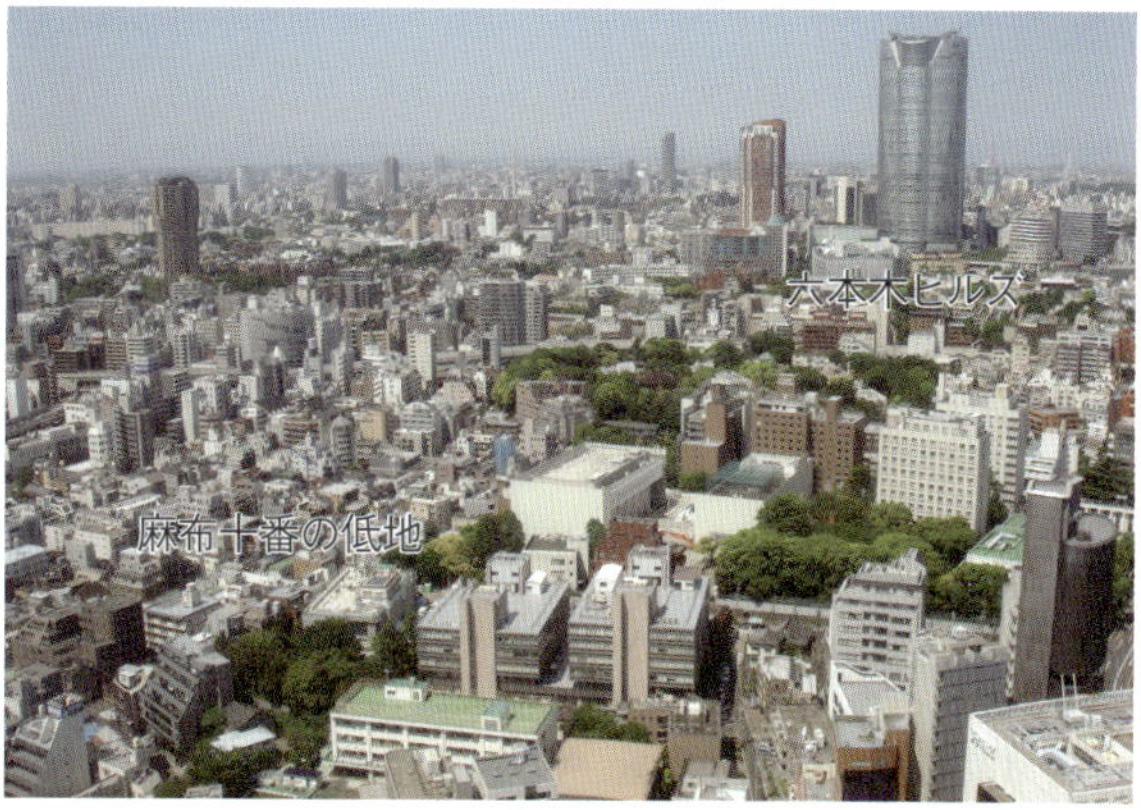

六本木ヒルズ森タワーからの眺め
台地にはまとまった緑が多いのが分かるが、ガマ池のスリバチは、明らかに周辺の町とは構成が異なることも見て取れる。また、田町や品川の超高層ビル群は東京湾のビューを遮っているかのようだ。

サンシャイン60展望台からの眺め
水窪川の流域は低層家屋が密集する地帯となっているため、空からの町の風景も何となく窪んでいる。緑に包まれた丘は護国寺で、直線的な音羽谷を正面に受け止める、地形的にもシンボリックなランドスケープと言える。

3　スリバチが教えてくれたこと

東京の凹凸地形を歩いていると、山あり谷ありの人生をも想うことがある。第1部のさいごに、スリバチ地形が教えてくれた「元気の出るフレーズ」を記し、エリア別の紹介に移りたい。

「わき道に逸れてみたら、そこはスリバチだった」

前作の書き出しで用いたフレーズである。

東京のメインストリートは尾根筋を辿ることが多いが、1本裏通りに入ると、谷や窪地が隠れていることがある。尾根筋の表通りからだけでは決して窺い知ることのできない、スリバチ地形に佇む意外な別世界が、東京の町の魅力でもある。通いなれた道やメインストリートから逸れた「わき道」や「すき間」にこそ、実は大切な何かが待っていることがあるのだ。これは寄り道をする「心のゆとり」に対するエールでもある。

住宅地の窪み　吞川柿の木坂支流の谷（目黒区柿の木坂2丁目）

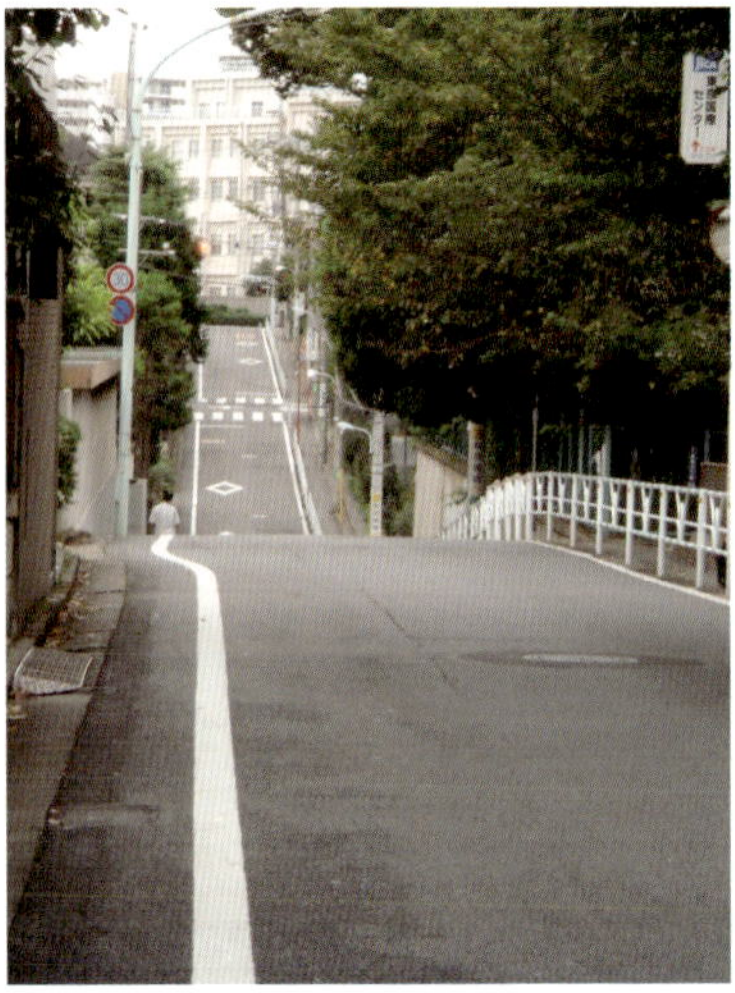

町中の窪み　宇田川の水源近くの窪み。この一帯はかつて狼谷と呼ばれていた（渋谷区西原2丁目）

「町の窪みは海へのプロローグ」

何気ない町の窪みは谷へと続き、谷はいくつもの支谷を併せながら、やがては大海原へと辿り着く。水の流れがつくった谷だから、辿ってゆけば海へと続くのは当然と言えるが、実際に谷を辿ってみると、意外な町と町が川で繋がっているという事実に気付くのである。川は元々、飲料用や工業用に限らず、舟運など都市の輸送手段にも活用され、水系という別の次元・レイヤーで町のネットワークが構成されていたのだ。「水」によって繋がり合う「水系」、あるいは町と町の関係性は、鉄道や道路を介して都市の平面構成を理解している自分たち現代人にとっては、新たな都市の見方を示唆している。

「窪みをめぐる冒険～冒険を忘れた大人たちに～」

町の窪みを低い方へと辿るのではなく、窪みを上流へと遡ってみれば、谷頭の水源へと辿り着くこともできる。スリバチ状の谷は湧水による侵食作用で生まれた地形も多く、都市化の進んだ現代の東京にあっても崖下からの湧水は枯れずに生きている場合があるからだ。谷や窪地には、鏡のような水面がひっそりと残り、都会の癒しの場、あるいは聖なる場だったりする。窪みの先でこうした意外性のあるパワースポットと出会えるのも、スリバチ巡礼の楽しみの1つだ。東京砂漠と呼ばれようが、今でも水の湧くオアシスは健在なのだ。

そしてこの水源探索は、山岳地帯に赴くまでもなく、東京にいながら思いたったら気軽に行ける「冒険」なのだ。降雨量に恵まれた東京では、名もなき川まで含めれば、星の数ほどのスリバチ（源流）が待っているのだ。私たちはまだ、冒険を忘れてはいけない。

「谷で出会えるのはムーミンだけではない」

谷間の町には人が集まる。渋谷の町を代表例に、谷筋に発達した町としては谷中や麻布十番、原宿のキャットストリートや穏田商店街などが挙げられよう。さらに、スリバチ状の空間に人が溜まる様子は、世界のいたる所で観察できる。例えば、ヨーロッパの町かどには必ず広場が存在するが、それらの中には地形的な窪地を利用した魅力的な広場も散見される。軒のそろった建物が広場を取り囲む様はまるでスリバチのようで、町のリビングルームとも呼べそうな、人の集う場を提供していたりする。

また、建築的な専門用語で言えば、建物におけるプラン上の窪みを「アルコーブ」と呼ぶが、これは人が溜まりやすく、やすらぎのある私的空間をつくる手法として、しばしば用いられているものである。

谷間やスリバチ状の空間に魅せられるのは、万国共通の人の心理、あるいは行動原理なのかもしれない。谷に魅せられるのはムーミンたちばかりではないのだ。

パリ・サンクン広場　マレ地区はセーヌ川流路跡の窪地でパリの中でも下町風情がある。いつも人で賑わうポンピドーセンター前の広場は、窪地の再解釈とも取れる（パリ、マレ地区）

上＝**スリバチ状のカンポ広場**　山岳都市シエナのカンポ広場は、スリバチ状でありヨーロッパでもっとも美しい広場と評される（イタリア、シエナ）／中＝**新宿御苑**　窪地や斜面があると、人はくつろぎやすい／下＝**スリバチ状の屋上庭園**　商業ビルの屋上にスリバチ状の広場が創出されている好例

Ⅱ

「スリバチ」を歩く

～断面的なまち歩きのすすめ2～

新宿

Shinjuku

谷に囲まれた宿場町

- - - - スリバチエリア
▮▮▮▮ 坂
- - - - 川跡・暗渠
- - - - 旧用水路
⛩ 卍 神社・寺
断面位置をあらわす

[標高]

■	0m	■	25m
■	10m	■	30m
■	15m	■	35m
■	20m	■	40m

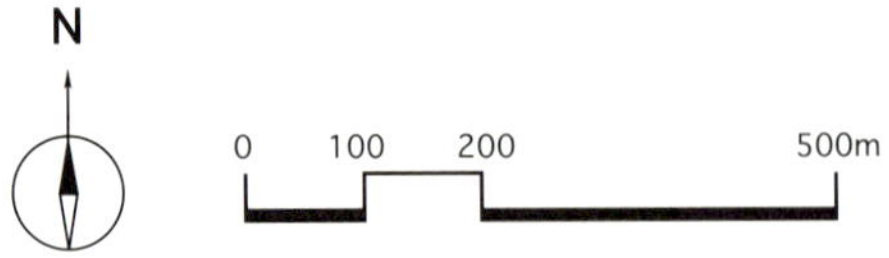

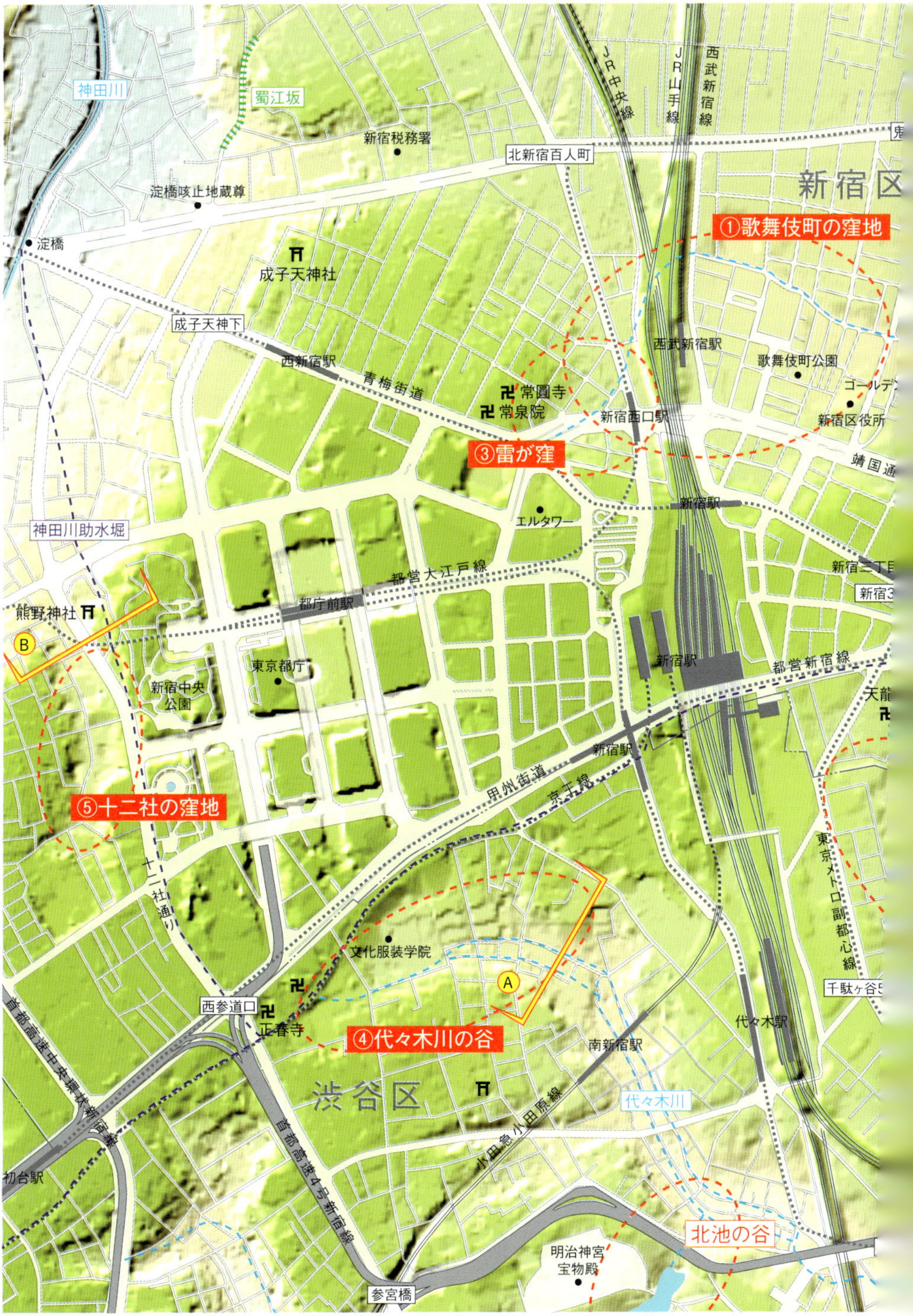
神田川
蜀江坂
新宿税務署
JR中央線
JR山手線
西武新宿線
北新宿百人町
新宿区
淀橋咳止地蔵尊
淀橋
①歌舞伎町の窪地
成子天神社
成子天神下
西新宿駅
青梅街道
西武新宿駅
歌舞伎町公園
常圓寺
常泉院
新宿西口駅
新宿区役所
③雷が窪
靖国通
新宿駅
エルタワー
神田川助水堀
都営大江戸線
新宿三丁目
新宿3
熊野神社
都庁前駅
B
東京都庁
新宿中央公園
新宿駅
都営新宿線
天龍
新宿駅
甲州街道
京王線
⑤十二社の窪地
十二社通り
東京メトロ副都心線
文化服装学院
A
千駄ヶ谷
西参道口
正春寺
④代々木川の谷
代々木駅
南新宿駅
渋谷区
小田急小田原線
代々木川
首都高速中央環状新宿線
初台駅
首都高速4号新宿線
北池の谷
明治神宮宝物殿
参宮橋

新宿は丘の町である。

町の起源は、江戸四宿の1つ「内藤新宿」。尾根筋を辿る甲州街道の宿場町が起源なら、丘の町であるのも頷けよう。元々甲州道中の最初の宿駅は「高井戸宿」だったが、日本橋からの距離が四里二町（約16㎞）もあったため、中継ぎの宿場として1698年（元禄11）、内藤家の屋敷の一角に新しい宿場町「内藤新宿」が開設されることとなった。この地の他にも「新宿」と呼ばれた宿場町は品川宿などにも存在したが、一般名称が固有名称に昇格したのが、誇り高き丘の町・新宿なのだ。現在では乗降者数世界1位を誇る新宿駅が町の中心ではあるが、宿場町で賑わっていたのは、駅東口から300mほど東へ行った、甲州街道と青梅街道の分岐点「新宿追分」、現在の新宿3丁目交差点付近である。

一方、新宿駅西口には1966年に完成した世界で初の駅前立体広場がある。そして西新宿一帯には、200mクラスの超高層ビルが林立しているが、ここは元々広大な淀橋浄水場のあった台地である。かつての上水施設は、自然流下で遠方まで水を到達させる必要があったため、位置エネルギーを保持すべく、谷を避け尾根筋を流路に選んだ。近代水道としての玉川上水を経た水が辿り着いたのが、平坦で標高の高い台地、淀橋浄水場であり、沈殿・濾過された上水はここから市内各所へ給水された。広大な浄水場は、戦後に東村山へその機能を移し、その跡地は西方へと拡大を続ける東京の「副都心」としての再開発地となる。

広大な敷地を活かすため、大街区・高容積の新しい町づくりが目指され、浄水場のあった台地には、「建物は地形の高低差を強調する」という「スリバチの第一法則」をまさに具現化するように、超高層ビルによる新街区が出現した。大街区の方針は浄水場跡地周辺地域にも波及し、高台の地所を中心に超高層ビルによる開発が続き、摩天楼が群れをなして空を目指す独特な都市景観が生まれた。屹立した新宿のビル群が遠くからでも見えるのは、台地の下駄履きのおかげでもある。ただし、浄水場跡地のビルの足元は、地所が周囲よりも掘り下げられていることが現地に行くと分かる。それこそが、かつての沈殿池底面の痕跡なのである。

新宿という丘の町の周囲には、忘れられがちな谷が取り囲み、町の境界を成している。六本木や麻布と同様に、新宿も谷あっての丘であることに変わりはない。華やかなショッピング街やビジネス街のすぐ足元にも谷は迫っているのだ。まずは、意外と知られていない、新宿の谷を巡ることから始めよう。

① 歌舞伎町の窪地

新宿駅から歌舞伎町へ向かうとき、なだらかな下りスロープとなっていることを意識する人は少ないと思う。歌舞伎町へと向かう人々の足取りが何気に軽やかなのは、仕事帰りの陽気な気分に起因するものだけではない。このなだらかな谷をつくったのが蟹川《かにかわ》、すなわちグランド・スリバチ＝大久保の母なる川だ。緩や

淀橋浄水場の遺構　淀橋浄水場で使用されていた蝶型弁が、かつての沈殿池底面に遺構として保存されている（新宿区西新宿2丁目）

歌舞伎町弁財天　沼のあった証のように、弁財天が歓楽街の中にひっそりと残されている（新宿区歌舞伎町1丁目）

かに窪んだ歌舞伎町一帯にはその昔、鴨池（別称・大村邸の鴨池）と呼ばれた大きな池があった。池の畔にあった弁天様が歌舞伎町公園の傍らにひっそりと祀られているのがその名残だ。また、ゴールデン街から新宿区役所辺りまでの窪地は本多《ほんだ》対馬守《つしまのかみ》の下屋敷で、「本多の池」と呼ばれた池があった。そして、それらの池や湿地を見下ろす小高い丘に建立されているのが、内藤新宿の氏神である花園神社なのである。

② 太宗寺の窪地

靖国通りを東へ向かうと、僅かに下っては上る緩やかな坂がある。この対の坂は「かめわり坂」と呼ばれ、この窪みは蟹川支流の河谷上流部にあたる。谷頭にあるのが太宗寺《たいそうじ》で、ここから流れ出た支流は、新宿文化センター辺りで蟹川本流と合流していた。

太宗寺は内藤家の菩提寺で、内藤新宿が1698年に起立してからは、宿場の発展とともに寺も参拝客で賑わった。境内には水の湧く大きな池があったとされるが、寺の裏にある新宿公園（現在は下水工事で改修中）の小さな池が土地の記憶を伝えるのみだ。

右＝**花園神社の丘**　ゴールデン街から眺めると、花園神社は丘に建立されていることがよく分かる（新宿区歌舞伎町1丁目）／左＝**かめわり坂**　靖国通りの僅かな窪みにも、かめわり坂の名が付く（新宿区新宿5丁目）

③ 雷が窪

新宿駅西口、新都心歩道橋の架かる交差点は周囲よりも僅かながら窪んでいる。地形的な繋がりで見ると、歌舞伎町の窪み、すなわち蟹川侵食谷の谷頭にあたる場所で、昔は「雷《かみなり》が窪《くぼ》」と呼ばれていた。常圓寺《じょうえんじ》や常泉院《じょうせんいん》はその谷頭周縁部に立地している。この辺りは江戸時代、松平摂津守《まつだいらせっつのかみ》の下屋敷があった場所で、「策《むち》の井」という名水の井戸もあったとされる。荒木町（松平摂津守上屋敷）にも同じ名の池が残っていることを前作で紹介した。

④ 代々木川の谷

マニアックな窪みばかりではなくそろそろ谷を紹介したい。

甲州街道沿いの文化服装学院の裏（渋谷区代々木3丁目付近）を谷頭とする谷筋がある。この辺りは玉川上水跡・京王電鉄の軌道跡などが錯綜しているため、地形マニア・地図マニア・鉄ちゃんなどが注目するエリアでもある。さて、谷筋に流れていたのは玉川上水原宿村分水（通称・代々木川）という渋谷川の一支流で、蛇行しながら南東へと流れ、千駄谷小学校東の坂下を経て、原宿で渋谷川（現在

代々木川の川跡　甲州街道裏には湾曲した流路跡が残されている（渋谷区代々木3丁目）

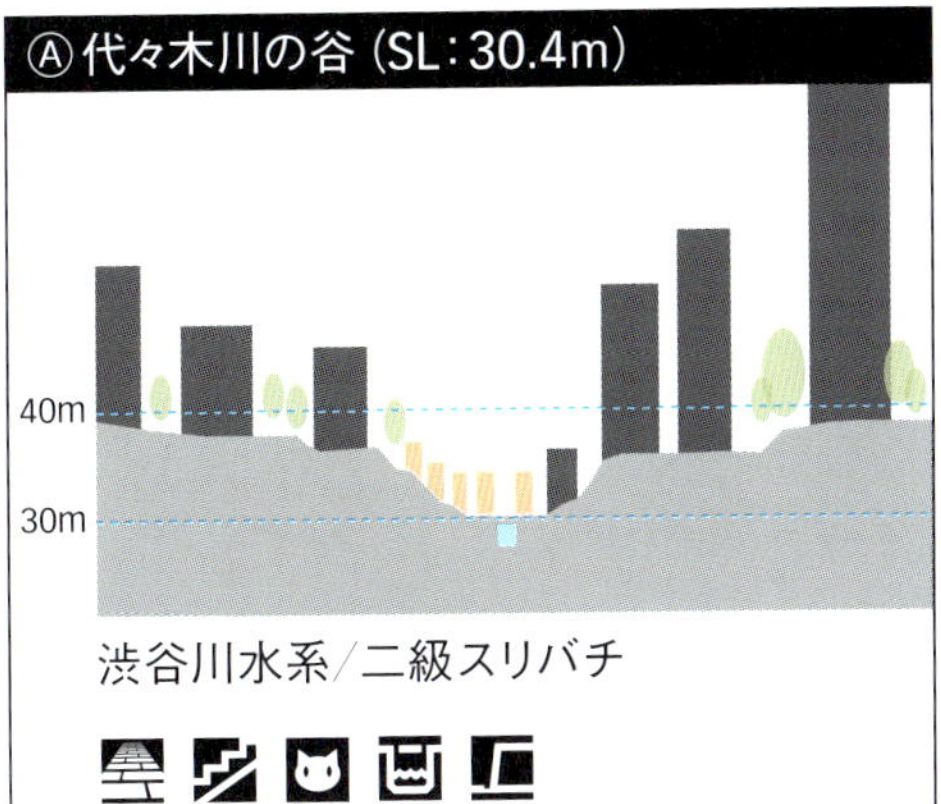

十二社の窪地の断面展開図

谷間と超高層ビルの対比　南新宿駅からは、代々木川の谷と新宿の超高層ビルがつくる対比的な光景が眺められる（渋谷区代々木2丁目）

のキャットストリート）と合流していた。かつては水田に利用された谷戸で、宅地化された現在でも、幾筋かの水路跡を確認することができる。谷を流れた川は一筋ではない。暗渠巡りで迷うことは間違いではなく、正解への過程だ。

この谷筋を跨ぐ小田急線南新宿駅の開業当時の駅名は「千駄ヶ谷新田」であった。駅周辺には、かつての氾濫原に発展した商店街が続き、背後にそびえる丘の西新宿超高層街区と極めて対比的な景観

右＝**角筈熊野十二社俗称十二そう**　歌川広重『名所江戸百景』［1856年（安政3）］中に描かれたもの（国立国会図書館蔵）／左＝**十二社の窪地**　十二社の池があった一帯は、周囲よりも若干窪んでいる（新宿区西新宿4丁目）

を形成している。

⑤ 十二社の窪地

摩天楼が立ち並ぶ西新宿超高層街区と、古くからの低層住宅密集地の間、緩衝帯のように挟まれているのが新宿中央公園だ。その西を走る十二社《じゅうにそう》通りの建物裏にひそむ窪地の存在を知る人も少ないと思う。この辺りには江戸時代、十二社の池（熊野神社の御手洗池）と呼ばれた大きな池があり、高さ1m・長さ4mの滝もあり、江戸西郊の行楽地として賑わっていた。『江戸名所図絵』や広重が描いた『名所江戸百景』で、今とは別世界の往時の風情を知ることができる。江戸時代この辺りは角筈村《つのはずむら》と呼ばれ、村には紀伊国熊野から三《さん》所権現《しょごんげん》・四所明神《ししょみょうじん》・五所王子《ごしょおうじ》、合わせて十二所を勧請した社があり、初めは十二相殿と言ったものが、十二社と呼ばれるようになったものである。

行楽地として賑わった十二社の池も、1897年（明治30）の浄水場建設でその多くが埋め立てられ、一時は寂れたらしいが、第一次大戦後の好況で行楽地よりも花柳街としてふたたび活気を取り戻したという。十二社の池の周りには茶屋が並び、池には屋形船も浮かんでいた。明治から大正時代にかけては、池にボートや屋形船を浮かべ、料理屋に芸妓を呼んで遊ぶ風潮があったのだ。水辺に誘われるように遊興の町が育まれた点が、スリバチの聖地・新宿区荒木町と共通する。

なお、十二社の窪地の下流、青梅街道が神田川を渡る橋が淀橋で、かつての町名・区名に採用され、スリバチの宝庫・我らが淀橋台にもその名を残す由緒ある橋である。元々「姿《すがた》不見《みず》橋《はし》」と称したものを、三代将軍家光が遊猟の際不吉とし、京都の淀川に似ていたので改名させたものだという。

⑥ 新宿御苑の谷

広大な新宿御苑はかつて高遠藩内藤家中屋敷だった場所で、渋谷川の水源のうち、2つの流れがこの一帯から発している。1つは玉川上水の余水。玉川上水は四谷大木戸に水番小屋を置き、江戸市中への給水調整を行い、余った水・塵芥を渋谷川の谷頭へと落としていた。また、屋敷の一角に玉川園と呼ばれる庭園を築

新宿御苑　谷間に水を湛えた広大な庭園は、まさに都会のオアシスと言える（新宿区内藤町）

く際、谷頭で玉川上水の水を引き込んだのが玉藻池だ。

渋谷川のもう1つの源流は、天龍寺境内にあった弁天池からの流れで、江戸切絵図にその様子が描かれている。天龍寺は、江戸市民に時刻を知らせる「時の鐘」があった寺として知られているが、江戸にはこの他にも、上野や本所、浅草寺など10か所の鐘が設けられていた。ちなみに複数の鐘を持つのは江戸だけで、大阪・京都でも町に1か所だけであり、拡大した江戸の町の広大さを物語っている。

天龍寺から発した流れは、新宿御苑内の上ノ池・中ノ池・下ノ池が連なる細長い谷へと続く。一帯は旧町名で千駄ヶ谷大谷戸町と呼ばれた湿地帯だった。

新宿御苑が現在のように一般に公開されたのは1949年からで、それ以前は農業試験場や宮内庁管轄下の新宿植物御苑として使われてきた。近年、新宿御苑内には玉川上水の流れに沿って「玉川上水・内藤新宿分水散歩道」も整備された。大都会に残された新宿御苑という、貴重な公園系スリバチに感謝したい。

天龍寺の時の鐘　時の鐘で知られる天竜寺は、渋谷川の水源の1つでもある（新宿区新宿4丁目）

池袋

Ikebukuro

池の袋とはどこか

スリバチエリア

坂

川跡・暗渠

旧用水路

神社・寺

断面位置をあらわす

[標高]

0m　10m　15m　20m　25m　30m　35m　40m

N

0　100　200　500m

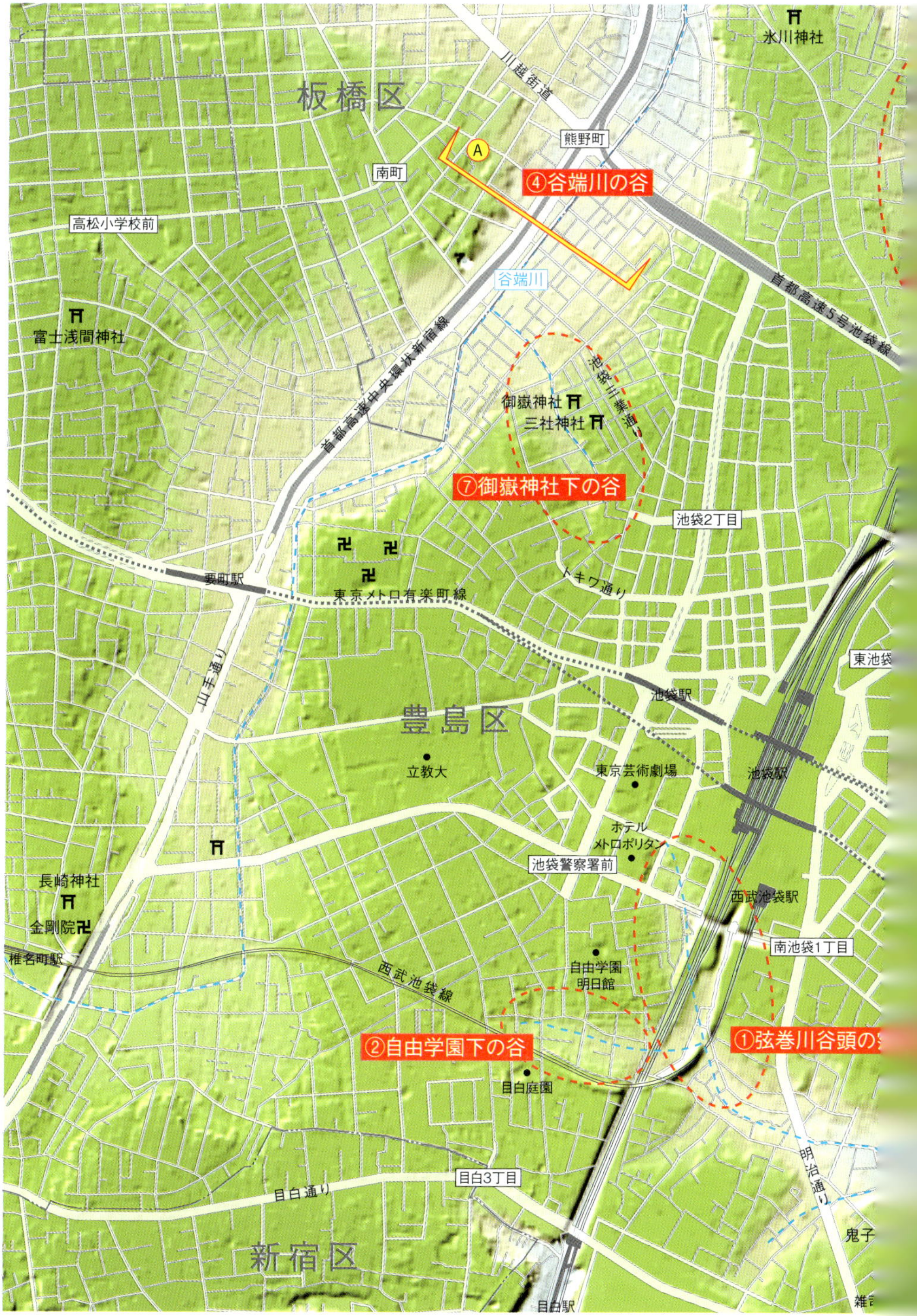
板橋区
川越街道
熊野町
氷川神社
南町
④谷端川の谷
高松小学校前
谷端川
首都高速5号池袋線
富士浅間神社
首都高速中央環状新宿線
池袋二業通り
御嶽神社
三社神社
⑦御嶽神社下の谷
池袋2丁目
トキワ通り
要町駅
東京メトロ有楽町線
山手通り
東池袋
池袋駅
豊島区
立教大
東京芸術劇場
ホテル
メトロポリタン
池袋警察署前
長崎神社
金剛院
西武池袋駅
南池袋1丁目
椎名町駅
自由学園
明日館
西武池袋線
②自由学園下の谷
①弦巻川谷頭の
目白庭園
明治通り
目白3丁目
目白通り
鬼子
新宿区
目白駅

池袋は、湿っぽいその名のイメージからか、あるいはどこか垢抜けない町の印象からか（自分も8年間住んでいた馴染み深い町なのでお許し願いたい）、谷あるいは低地の町と思われがちだが、意外にも高貴なる丘の町なのだ。そのことを象徴するように、立教大学が池袋駅西口の広大な一帯を占めているし、西口駅前（現在の東京芸術劇場などが立つ一帯）には師範学校も立地した、風薫る文教の町なのである。

一方の東口から少し離れた、台地の端の東京拘置所跡には、1978年に再開発によってサンシャインシティが誕生し、台地コンシャスな60階建ての超高層ビル・サンシャイン60が聳え立つ。サンシャイン60は、完成した1978年から東京都庁舎が完成する1991年までの間、堂々たる日本一のノッポビル（高さは240m）であった。そして竣工時、東洋一の高さを誇ったことを知る人も少なくなった。

山の手副都心の1つとして発展を続ける池袋の賑わいは、山手線に新駅ができた大正時代以降のもので、古くから花街として賑わっていた大塚駅周辺などよりも、実は歴史が浅い。終戦直後には池袋駅東西に闇市が形成され、その後の戦災復興事業で道路が拡幅・整備され、現在のような比較的整然とした町並みに生まれ変わった。

それでは、台地の町を「池袋」と呼ぶ理由は何なのだろうか。地名の由来には諸説あるが、その真意を確認するためにも、台地を縁取る谷を探索してみよう。

① 弦巻川谷頭の窪地

池袋駅西口、ホテルメトロポリタン前に「いけふくろう」のモニュメントのある小さな公園があり、周辺

よりも僅かばかり窪んでいることが現地に行くと分かる。ここはかつて丸池と呼ばれた清水の湧き出る池があり、弦巻川《つるまきがわ》の水源と言われる場所である。この辺りは「池谷戸」とも呼ばれ、いくつかの湧水がある鬱蒼とした樹林帯であった。そうした地名の由来を解説する案内板が現地に設けられている。ちなみに、ここから発した弦巻川は、雑司ヶ谷のなだらかな谷を刻み、護国寺前の音羽谷を経て、江戸川橋辺りで神田川へ注いでいた都市河川である。

② 自由学園下の谷

豊島区立目白庭園の北に谷頭を持つ小さな谷筋が、西武池袋線の高架下で弦巻川に合流している。この河谷の流路跡が、池袋と目白の境界にもなっている。この谷を見下ろし、僅かに傾斜した南斜面地に立つのが自由学園明日館だ。明日館は、帝国ホテルの設計も手掛けたアメリカ人建築家フランク・ロイド・ライトの設計で、1921年（大正10）の竣工、現在は国の重要

右＝**ホテルメトロポリタン前の窪み**　この僅かながら窪んでいる一帯では多くの湧水があり、弦巻川の流れをつくったとされる（豊島区西池袋1丁目）／左＝**自由学園明日館**　高さを抑え、台地を這うような佇まいは、草原様式（プレーリースタイル）と呼ばれる（豊島区西池袋2丁目）

文化財に指定され、館内施設は一般に有料で貸し出されている。

③ 水窪川の谷

東京メトロ有楽町線東池袋駅の北には、美久仁小路と呼ばれる、昭和的な雰囲気の飲食街が残っている。この一帯は周囲よりも僅かばかり窪んでいて、水窪川の谷頭と言われる場所である。ここより下流域、サンシャインシティ南側の東池袋4丁目界隈は、近年の再開発によって町の様子が激変したが、地形的な窪みは健在だ。さらに下流側の都電荒川線と寄り添う日の出町商店街辺りでは、水窪川の暗渠路と細い路地が絡み合い、しっとりとした山の手谷町の風情を味わえる一角も残る。水窪川は護国寺の丘を迂回するように流れ、音羽谷を先の弦巻川と並行するように南下して、神田川に注いでいた。

④ 谷端川の谷

水窪川の暗渠路　再開発地の下流側には水窪川の暗渠が残されている（豊島区東池袋5丁目）

美久仁小路の夕暮れ　水窪川の水源近くは周囲よりも窪んだ飲食街となっている（豊島区東池袋1丁目）

池袋の台地に忍び寄る、水窪川と弦巻川の2つの河谷とは対照的に、池袋の丘を縁取るような、なだらかな谷がある。池袋の町を迂回するように流れていたのは谷端川《やばたがわ》と呼ばれた都市河川で、下流では千川あるいは小石川とも呼ばれる神田川の一支流である。谷端川は、豊島区要町にある粟島神社の弁天池が水源とされるが、1696年（元禄9）に千川上水から分水を受け、長崎村・池袋村の田畑を潤していた。

谷端川流域の低地には昭和の初めにアトリエ付の借家が多く建てられ、延べ千人を超える芸術家・作家が住み着いていたという。その独特の芸術文化圏をパリのモンパルナスに倣って、詩人の小熊秀雄は「池袋モンパルナス」と名付けた。借家群は谷端川沿いの低地に数か所設けられ、みどりが丘やひかりが丘、さくらが丘など、地形的には相反する名が付けられていたようだ。ここから名を成した画家熊谷守一《くまがいもりかず》の自宅跡が現在、熊谷守一美術館となっている他は、アトリエ村の痕跡を見つけることはできない。

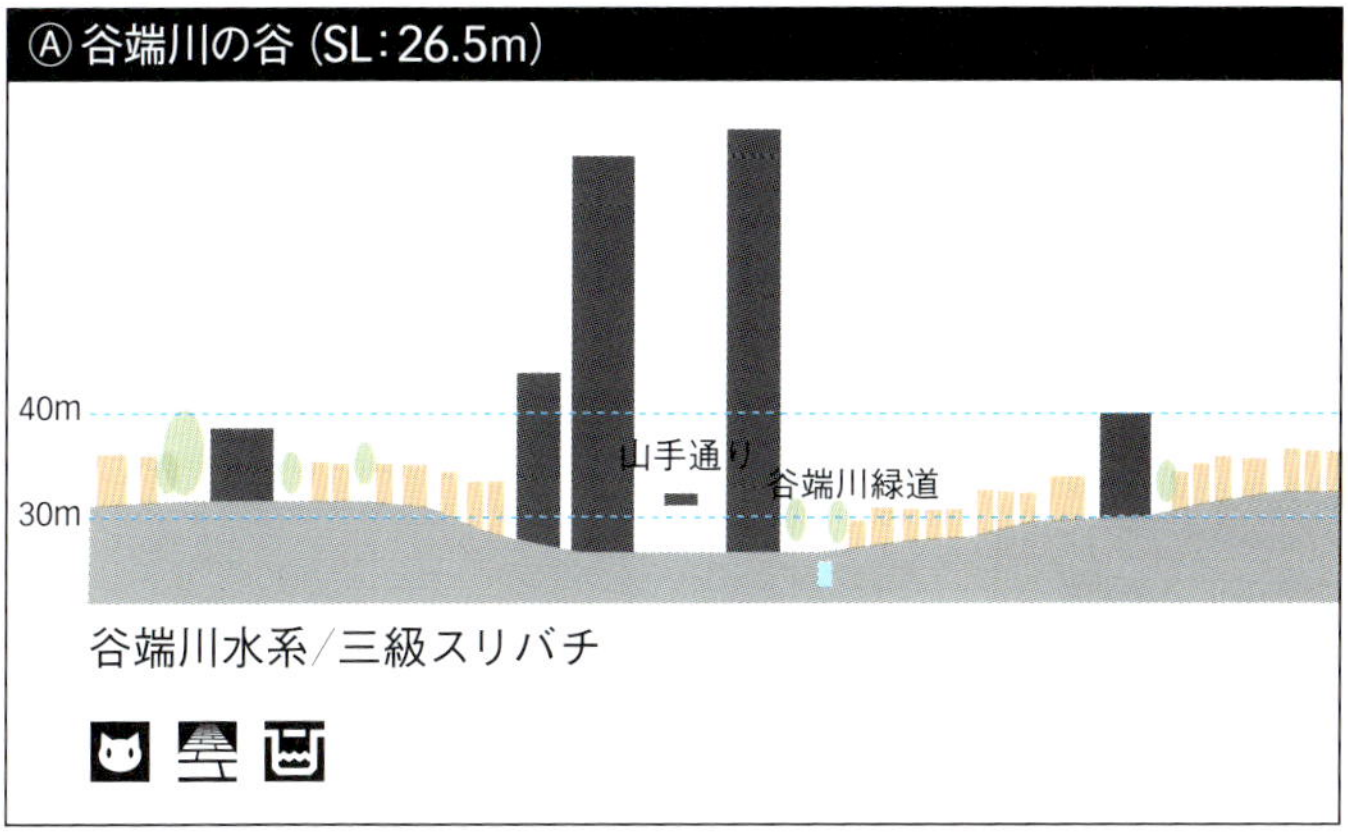

谷端川緑道　暗渠化され遊歩道となった谷端川（豊島区池袋本町2丁目・板橋区熊野町）

谷端川は現在暗渠化され、その川跡は「谷端川緑道」という遊歩道に整備されて生活道路の一部となっている。遠くに池袋の喧騒を聞きながら、足元から聞こえる水の流れる音に導かれるように、芸術家の愛した谷間を周遊できる。

さて、宅地開発される以前の谷端川沖積地は、多くが水田として利用され、谷端川は灌漑目的の用水路としての役割も担っていた。流域一帯は、緩い勾配の広い凹状の低地が続くため、大雨の際は水田一帯が遊水池として機能したと想像できる。とすれば一帯は、袋のように水を溜める一大遊水池であり、池袋という地名はその地形的特徴を言ったものだとも推論できる。

もう1つ、古地図からも検証を加えておきたい。池袋という地名が最初に登場したのは『御府内備考《ごふないびこう》』（1854年・嘉永7）の附図と思われる。この附図自体は江戸時代に、幕府の昌平坂学問所で編纂されたものだ。それによると、池袋村とは非常に広い範囲を呼んでいたようで、東は巣鴨村、北は滝野川村、西は長崎村、そ

沖積地の池袋協和会　のどかな谷間の商店街が下板橋駅まで続く（豊島区池袋本町1丁目）

して南は雑司ヶ谷村と高田村に接するエリア全体を指していた。街道筋や低地・窪地で発展する周辺の村々と比べ、池袋村は畑地の広がる寒村だったようだ。水が得やすく開発が進んだ谷戸の村々から取り残された、高燥の台地一帯をそう呼んでいたものだろう。袋という地名には、川の蛇行によって袋状に囲まれた土地を指すとする説もあり、「池のような湿地帯が袋状に囲む台地」という解釈も成立しよう。広域な地形図からすれば、最後の解釈が妥当とも思える。

⑤ 雲雀ヶ谷戸

緩やかな谷端川のつくった谷にもいくつかの支谷が存在している。その1つが池袋本町のなだらかな支谷で、かつては「雲雀ヶ谷戸」とも「下がり谷」とも呼ばれた。その沖積地には池袋協和会の名が付くのどかな商店街が東武東上線下板橋駅まで続く。河谷の頭は豊島区役所近くにあるドライバー泣かせの六ツ又陸橋下、エトワール型（放射型）交差点辺りだ。パリのエトワール広場（シャルル・ド・ゴール広場）は、中心である凱旋門を囲むロータリーから、道路が放射状に延びていることから名付けられたものだ。広場はなだらかな丘の高まりに位置し、凱旋門が頂で地形の凸凹を強調するようなシンボリックなランドスケープを成している。一方、池袋のエトワール型交差点では、交差部が周囲よりも窪んでいて、2段の高速道路が交差点に覆い被さってその象徴性を隠していかのようだ。ちなみに谷頭の細い暗渠路が、六ツ又交差点に7つ目の放射状道路として参加していることを知る人は少ない。

雲雀ヶ谷戸の谷筋は途中で埼京線やJRの池袋車両基地によって途切れるため少々辿りにくいが、上池袋2丁目の上池袋公園脇には水路跡が残るし、山手線の切通し断面を見れば、確かに谷の存在を確認できる。

⑥ 上池袋の谷

西巣鴨陸橋の北側から始まり、西巣鴨1丁目で谷端川へ合流する700mほどの短くて小さな谷がある。川の流路は狭い路地に置き換えられ、住宅地の隙間を縫う風情たっぷりの暗渠路が冒険心をくすぐる。谷間にある上池袋中央公園では、沖積地のシンボルでもある井戸がモニュメンタルに復元されている。

⑦ 御嶽神社下の谷

もう1つの支谷は、池袋西口一帯の鎮守の杜、御嶽《みたけ》

暗渠路近くのスリバチ公園　沖積低地で多く見られた浅井戸が上池袋中央公園内に復元されていた（豊島区上池袋1丁目）

神社下にある長さ400mほどの小さな谷で、かつての流路は暗渠の路地として残り、地元の生活道路として活かされている。御嶽神社は天正年間(1573〜1592年)創建と言われる池袋村の村社だ。この谷を挟むように両側の尾根筋には池袋三業通りとトキワ通りがあり、池袋の中心繁華街の喧騒とは無縁な、のんびりとした商店街が続く。

御嶽神社　小さな谷を見下ろす台地に池袋村の鎮守、御嶽神社が祀られている(豊島区池袋3丁目)

御嶽神社下の暗渠路　池袋辺境の暗渠路はもっと知られてもよいと思う(豊島区池袋3丁目)

誘う暗渠路　その先を知りたくなる谷端川支流の情緒ある暗渠路(豊島区上池袋1丁目)

スリバチあっての丘

高輪・白金

Takanawa & Shirokane

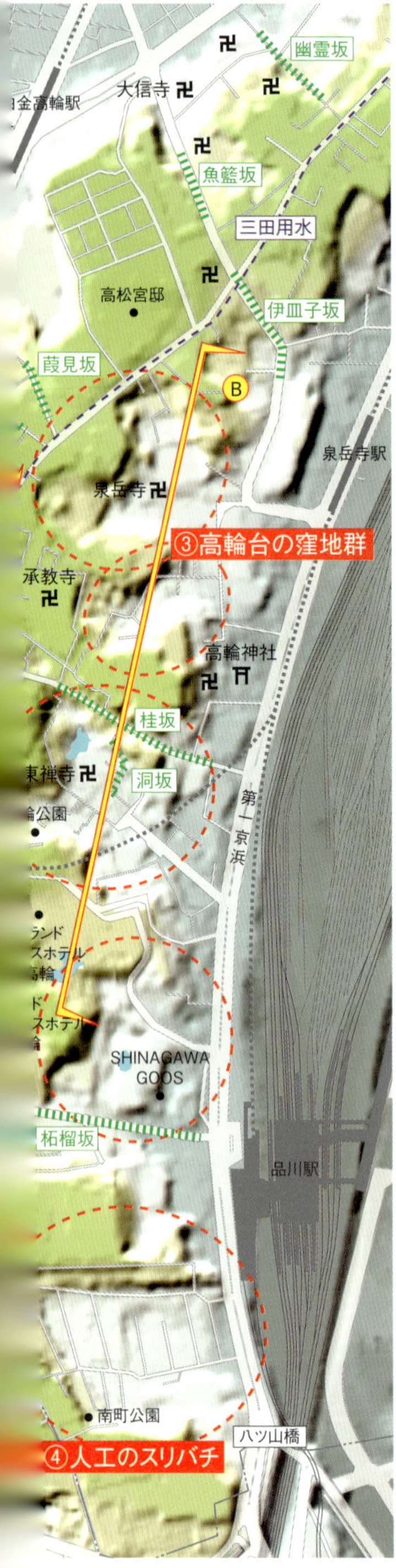

スリバチエリア
坂
川跡・暗渠
旧用水路
神社・寺
断面位置をあらわす

[標高]

0m
5m
10m
15m
20m
25m
30m

N

0 100 200 500m

白金三光町支流
白金分水
三光豊沢連合商店街
蜀江坂
三光坂
専心寺
氷川神社
聖心女子学院
高等科
外苑西通り
白金三光町支流の窪地
首都高速2号目黒線
東京大学
医科学研究所
附属病院
正源寺
清正
②自然教育園の窪地
日吉坂
天神
悪水溜の窪地
①樹木谷
国立科学博物館
附属自然教育園
目黒通り
八芳園
プラチナ通り
白金台駅
明治学院大
瑞聖寺
白金台
①玉名川の谷
東京都
庭園美術館
三田用水
東京メトロ南北線
明治学院前
旧玉名の池
港区
上大崎
⑤篠之谷
高福院
誕生八幡神社
桜田通り
⑤池之谷
目黒駅
池田山公園
高輪台駅
タイ王国
大使公邸
⑤池田山公園
の窪地
都営浅草線
⑤西之谷
袖ヶ崎神社
本立寺
⑤清水久保
寿昌寺
JR山手線
相生坂
宝塔寺
清泉
女子大
⑤道
目黒川
五反田駅
山手通り
品川区
西五反田1丁目

麻布と並ぶ都心山の手の高級住宅街、高輪・白金。これらの地域も、麻布の町と同様に坂や崖が多く、極めて起伏に富むエリアである。これら一帯は淀橋台と呼ばれる標高30m程度の段丘面に位置し、局所的な深い谷が台地を密に刻んでいるのが地形図からも見て取れよう。

深い谷に分断された高輪・白金の丘は城南五山とも称され、五反田駅至近の高級住宅地である島津山、美智子皇后の生家があった池田山、上大崎の花房山、高輪の八ツ山、そして北品川の御殿山と、舌状台地が山にたとえられていた。羨望を集める丘の町の足元には、河谷が複雑に入り込み、「谷あってこその丘」を実感するには格好の散策エリアとも言えよう。

ここで、窪地を紹介する前に、台地の町とは対照的な、この界隈の沖積低地の町に触れておきたい。

城南五山の南、目黒川沖積低地で発展する町が五反田である。その名の通り沖積地に水田が広がっていた一帯で、肥沃な水田は1区画が5反（約5000㎡）あったことから名付けられたものだ。明治から戦前にかけては、五反田駅西口から目黒川にかけての低地には三業地（花街）が栄え、現在の繁華街のムードからもその片鱗を窺うことができる。東口にも繁華街が広がり、風俗街としては都内最大規模という。

一方、白金台の北、古川（渋谷川）沖積低地には、典型的な下町風景が残っている。路地裏に入れば木造家屋が密集し、現役の井戸も所々で見かける。そして三光豊沢連合商店街と呼ばれる三光坂下のバス通り沿いには、昭和の賑わいを彷彿させる個人商店の看板建築が軒を並べている。

山の手の沖積地で発達した商店街と言えば、染井銀座に

霜降銀座商店街、原宿の穏田商店街や雑司ヶ谷の弦巻通り商店街などが該当する。どの町も個人経営の商店が並び、地元密着型のローカルな商店街としてその地域を支えている。便利で快適だが、どこか物足りない郊外型の大型ショッピングセンターとは異なる魅力の賑わいを残しているように思う。地方都市では車社会（モータリゼーション）の進行で、町の中心商店街はシャッター通りと化し、壊滅状態と聞く。地下鉄やバスなどの公共交通とマイカー所有が微妙にバランスしている東京においては、これら地元密着型の商店が辛うじて生き続けており、都市のストックとしても活用されている。例えばこの界隈では、古い民家を改装して、カフェやブティック、バーなどを新規に興した商店建築が点在しており、台地の閑静なお屋敷街と対比しながら散策すると、より地形と町の関係性が理解できるのである。

本章では、前作で紙面上割愛した白金台を刻む2つの谷筋をまず紹介し、東京スリバチ学会が「スリバチギンザ」と呼んでいる高輪のスリバチ群を取り上げたい。狭い範囲に凸凹地形が密集しているため、脇道に逸れることを恐れ

右＝**古川沿いの下町**　現役の看板建築の商店が並ぶ古川沿いのバス通り（港区白金5丁目）／左＝**高輪台の北白川邸**
高台にある旧北白川邸は、グランドプリンスホテル高輪の施設として保存活用されている（港区高輪3丁目）

ず探索すると、意外な光景に出会えるスリバチ巡りのおすすめスポットなのである。

① 玉名川の谷・樹木谷

白金の台地を北へ流れる細長い谷が幾筋か存在している。まずは玉名川と呼ばれる、古川（渋谷川）の一支流が刻んだ河谷の紹介から始めたい。

玉名川が古川へ合流していたのは新古川橋辺りで、流路跡の通りは大久保通りと呼ばれる。その名ほどではないが、周囲よりも若干窪んでいることが分かる。沖積地を上流へと遡れば、氷川神社のある丘を右手に見つつ、清正公前の交差点に辿り着く。かつての流れは桜田通り（国道1号線）東側にも窪地をつくり、木造家屋の集まる、静かな一角を残す。路地の傍らには、現役の井戸が2か所ほど残され、木板を外装に貼った下見板貼りの住宅とともに昭和的な光景が見られる。この辺りで2つの川筋が合流していたようで、1つは正満寺墓地にあったとされる湿地帯を水源とする流れ、もう1つが玉名の池（白金台2丁目1番から3番近辺）から発する流れ（玉名川本流）だ。

正満寺墓地のある窪地はかつて樹木谷と呼ばれ、谷頭はいくつかの寺院の共同墓地となっていて、高台の再開発地から谷間を一望できる。樹木谷とは元々「地獄谷」と呼ばれていたものが変化したもので、遺骸が遺棄された谷戸がその名の起源である。宅地化に伴い、その不吉な名を嫌い呼び名を変えたものだ。江戸市中には樹木谷と呼ばれる「葬送の谷」が、ここの他にも麹町と神田明神裏に存在していた。

一方、玉名川の本流の上流部には、玉名の池と呼ばれた湧水池があり、山内遠江守《とおとうみのかみ》下屋敷（のちの南部遠江守下屋敷）の庭園に活かされていた。庭園の水の流れを増やすために、近くを通っていた尾根筋の三田用水から水

右＝**玉名川の谷**　玉名川のスリバチへと誘う路地状の坂道（港区高輪1丁目）／左上＝**樹木谷を望む**　高台の再開発地から墓地で満たされた窪地を望む（港区高輪1丁目）／左下＝**三田用水の遺構**　谷を渡った三田用水の断面の遺構が現地に残されている（港区白金台3丁目）

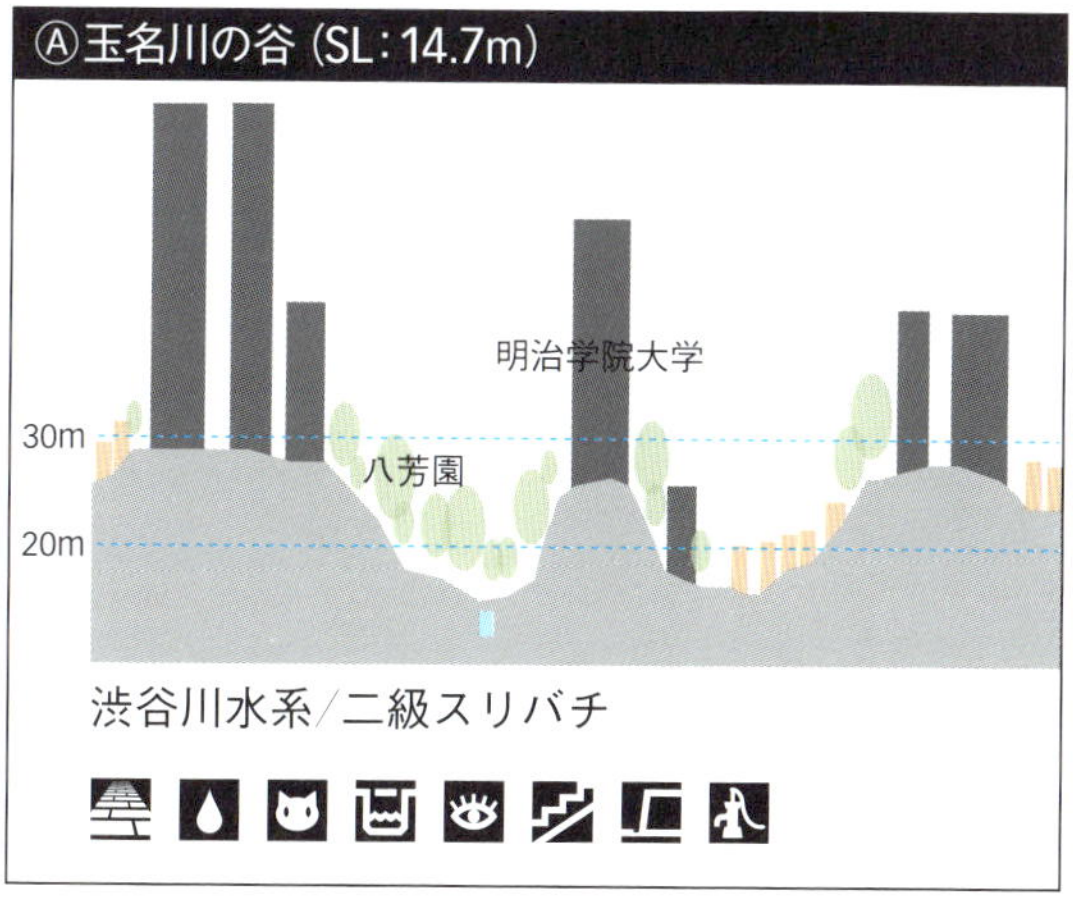

を引き入れていたらしい。

その三田用水は、玉川上水を下北沢で分水し、白金台や高輪・三田・芝に配水していた。戦後まで通水し、用水組合も残されていた。用水が谷を渡る場所で、かつての水路断面が遺構として保存され、現地にはその解説板も設置されている。水路跡を上流へ辿ると、朽ちつつある「今里橋」の欄干も発見できよう。

玉名の池から流れ出た水流は白金の台地を深く刻み、その急峻な谷戸地形を庭園に巧みに利用したのが、結婚式場としても知られる八芳園の庭園である。この辺りは大久保彦左衛門が晩年を過ごした屋敷のあった場所で、その後は松平家や島津家など大名家の屋敷地になり、明治になってからは実業家の邸宅となった。

② 自然教育園の窪地

白金のブランドイメージには欠かせない存在となっている国立科学博物館附属自然教育園（略称・自然教育園）は、室町時代には豪族が館を構えた地とされ、今も残る土塁は

自然教育園　都会でこれだけまとまった緑地が残されている場所も珍しい（港区白金台5丁目）

八芳園の谷戸庭園　八芳園の日本庭園は、玉名川が刻んだ谷を利用している（港区白金台1丁目）

当時の遺跡の一部とされる。館の主は不明だが、いわゆる「白金長者」であったという言い伝えが残り、高級住宅地「白金」の名に相応しい由来と言える。

この地は、江戸時代になると増上寺の所領から高松藩松平家の下屋敷となり、明治の時代には広い敷地が軍の火薬庫となった。大正期には宮内省所管の白金御料地となり、戦後に国立自然教育園として一般に公開され現在に至る。

園内には3つに枝分かれする河谷が存在し、合流部付近では谷戸の原風景を想わせる湿地が広がっている。谷筋の下流部が土塁で塞がれているため、谷は出口を失った一級スリバチ地形となっている。3つの谷の上流部はそれぞれ、サンショウウオ沢、ひょうたん池、水鳥の沼と呼ばれ、前者2つの沢は園内に水源があるようだ。水鳥の沼を湛える谷筋のみは園外へと続いていて、その谷頭は高福院の窪みまで遡れる。窪地を上った尾根筋には目黒通りが走り、三田用水もこの辺りを流れていた。通り沿いにあるのは、太田道灌が夫人の安産を祈って勧請したと伝えられる誕生八幡神社。目黒通り拡張で境内が狭められ、RC造の社務所

誕生八幡神社　三田用水が流れていた尾根筋に誕生八幡神社は祀られている。写真右は高福院の参道（品川区上大崎2丁目）

高福院の窪み　高福院裏の窪地は墓地となっている。ここから発する流れが自然教育園へと続いていた（品川区上大崎3丁目）

の上に木造の本殿が移築されているところがユニークだ。

一方、自然教育園の土塁より下流側では、川跡は細い路地となって、年代物のマンホールも見ることができる。

③ 高輪台の窪地群

高輪の地名の由来とされる、縄を引っ張ったように真っ直ぐな高台の道（高縄の道、現在の二本榎通り）の東側、南北に連なる複数の窪地に注目したい。バリエーション豊かな窪地を連続的に観察できることから、東京スリバチ学会では、この一帯を「スリバチギンザ」と呼んでいる。

東に品川の海が望めた高輪の台地は、江戸時代には薩摩藩島津家などの大名屋敷があった場所で、明治になってからは北白川宮・竹田宮・朝香宮の3宮家の屋敷地となった。いずれも戦後に売却され、旧竹田宮邸敷地には高輪プリンスホテル（現在はグランドプリンスホテル高輪）が、北白川宮邸跡には新高輪プリンスホテル（現グランドプリンスホテル新高輪）が、旧朝香宮邸にはホテルパシフィック東京（現SHINAGAWA GOOS）が開館した。広大な敷地に立つホテルの見事な庭園はみな大名庭園の転用であり、谷頭の湧水を利用した池の名残も多く見られる。

高輪公園という、湧水池を持つスリバチ公園の北側には、山を背にしてスリバチ状の窪地に東禅寺が立つ。境内に残る池は、他の池と同じく谷頭の湧水池が起源だ。東禅寺は我が国最初のイギリス公使館となったことで知

白金三光町支流の暗渠路　マンホールの縁石が花崗岩なのは、年代物の証拠。流路側壁の石材も残っていることが分かる（港区白金6丁目）

右＝**高輪公園**　崖下から湧き出る水を活かした公園系スリバチの典型例だ（港区高輪3丁目）／左上＝**高輪台からの展望**　グランドプリンスホテル高輪の立つ台地から高輪公園のある窪地を眺める（港区高輪3丁目）／左下＝**泉岳寺参道**　泉岳寺山門前を流れた水路を跨ぐ太鼓橋が残されている（港区高輪2丁目）

Ⓑ高輪台の窪地群（SL：10.7m）

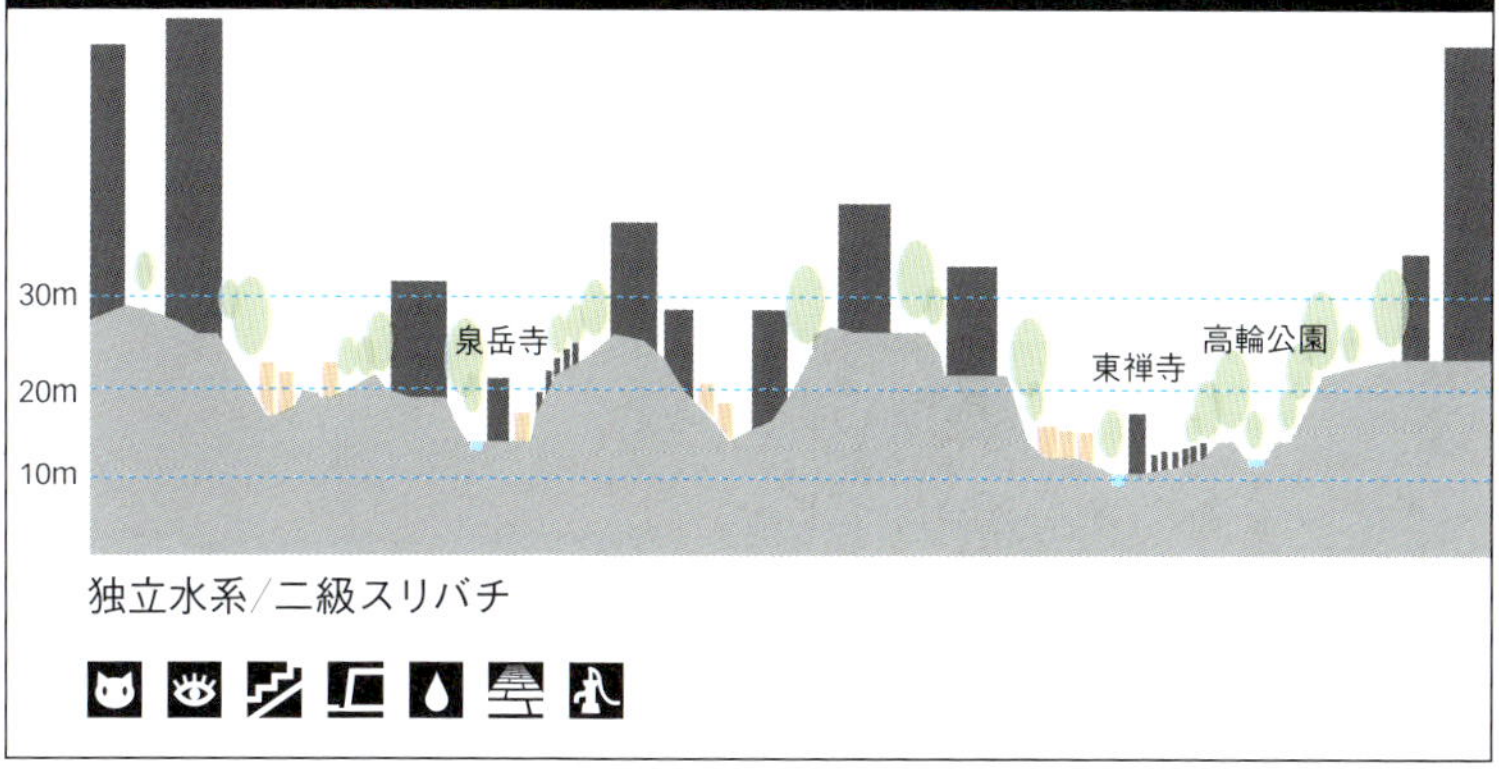

られ、当時は海が門前まで迫っていた。山門に向かって右側には洞坂《ほらざか》という急で狭い上り道があるが、かつてこの辺りを洞村といったことに拠る。村の名は、地中にぽっかりと空いた洞のように、周囲を崖で囲まれた窪地から付いたものだろう。窪地は東禅寺の裏手まで続き、崖下には典型的な下町系スリバチと言える静かな住宅地が谷間に息づく。

尾根筋の桂坂を北へ越えれば赤穂浪士で有名な泉岳寺だ。窪地を墓地が埋め、高輪学園の立つ丘を背景に本堂が建立されている。本堂の裏、谷頭にあたる場所には崖下の湧水を利用した池があるようだが、残念ながら立ち入ることはできない。

④ 人工のスリバチ

高輪台の最南端は御殿山と呼ばれる。その昔、太田道灌が城を築いたともされ、江戸時代の初めには、徳川家康が豊臣秀吉の側室淀君を人質にとっておく目的で御殿を建てたとされる。それが山の名となった。

御殿山の北に位置する台地には「八つ山」の名が付くが、地形図ではあまりに不自然な、整形かつ階段状の窪地がある。この窪地は川跡が見当たらず、暗渠マニアに遭遇することもない。この窪地はどうやら、品川沖に御台場を築くために山の土を削ってできたもので、かつての土取場《どとりば》、人工的な整形スリバチなのだ。

御台場築造のための土取場は、今治藩下屋敷だったこの八つ山の他に、泉岳寺中門外山付近土取場と御殿山土取場があった。御殿山

南町公園から窪地を望む　土取場だった窪地越しに、対岸の丘と品川の低地を一望する（港区高輪4丁目）

土取場は現在、ホテルラフォーレ東京のスリバチ状の庭園に活かされている。

御台場とは、幕末にアメリカ海軍のペリー提督が艦隊（黒船）を率いて日本へやってきた時、江戸防衛の必要上から幕府が私財で築かせた砲台である。当初11基築く予定であったが、幕府の財政窮乏のため、完成したのは5基だけである。御台場の築造に注がれた経費や労働力は莫大なもので、このことが幕府の滅亡を早めたとも言われている。品川駅西口の高層ビル群の背後に、歴史の舞台裏となったスリバチが隠れている。

⑤ 5つの山をつくった谷

尾根筋を走る目黒通り（かつての中原街道）南には、高輪台の窪地状谷戸とは異なる、湾曲した長い谷筋が大小5筋連なっている。規模が比較的大きいことから谷それぞれに名が残り、東側から順に、道場谷・篠之谷・清水久保・池之谷・西之谷と呼ばれていた。

道場谷とは1697年（元禄10）の検知帳に記された名で、谷間に立つ本立寺と寿昌寺に修行の場があったことが由来とされる。道場とは、仏教用語で修行する所、転じて山岳信仰の修行の場を言うも

篠之谷の断面展開図

のだ。道場谷の西が島津山で、仙台藩伊達家下屋敷があった丘である。現在は清泉女子大学のキャンパスとなっている。道場谷を上り切った台地に袖ヶ崎神社が祀られているが、着物の袖に似た台地の形状からその名が付けられた。元々この辺りは大崎と呼ばれていたが、伊達藩にとっては滅んだ大崎家に繋がる不吉な名とされ、袖ヶ崎に改められたのだという。

島津山の西に広がる大きく湾曲した谷筋が篠之谷で、上流に行くに従い谷は幾筋かに枝分かれしている。分かれた谷が円形の丘を縁取っている場所は、かつての増上寺の下屋敷で、増上寺の隠居僧が余生を過ごすために付与されたものだ。現在でも多くの寺院が残り、対岸の丘からスリバチ越しに眺める堂宇の風景は格別だ。

篠之谷の支谷で最も長いのが上之谷と呼ばれた谷で、谷筋の途中には、崖下の湧水を池に利用した池田山公園がある。窪地を囲む高台は江戸時代、備前国岡山藩池田家の下屋敷だった場所で、のちに「池田山」の通称が生まれた。起伏に富んだ地形と、豊かな緑に包まれた公園は、かつての大名庭園の一部が残されたもので、大名屋敷は現在の公園（約7000㎡）の十数倍の規模を誇ったという。高級住宅地に残された貴重な公園系スリバチの代表例だ。

池田山の西にある窪みは、首都高速2号線のため存在が分かりづらいが、清水久保と呼ばれた谷筋で、谷の上流部で湧水があったことに因むものだろ

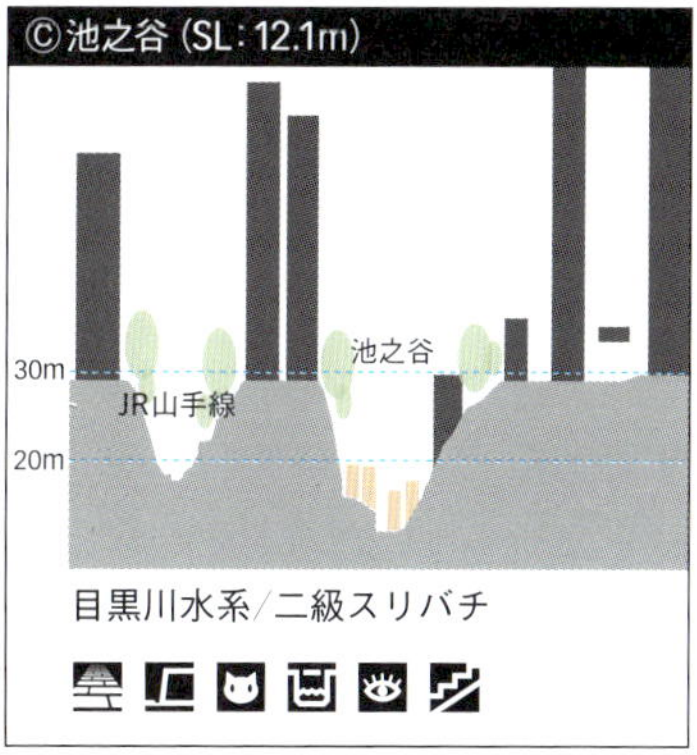

う。タイ王国大使公邸のある岬状の丘を西に越えた細長い谷が池之谷で、谷の下に灌漑用の溜池があったためその名が付けられた。谷頭をかすめる三田用水から通水を受けてからは溜池が不要となり、享保年間（1716～1735年）に池は水田になったとの記録が残る。さらに池の谷の上流部は鳥久保と呼ばれ、今では静かな住宅地が谷筋に沿って広がっている。もっとも西側の谷は、山手線の軌道敷設に利用された谷筋で、西之谷と呼ばれた。この谷と目黒川の低地とに挟まれた小高い丘が花房山で、明治末にこの地に花房子爵が屋敷を構えたことによる呼称である。

篠之谷戸の眺め　篠之谷は第三日野小学校に利用されている（品川区上大崎1丁目）

丘の上の寺院群を遠望する　篠之谷の住宅地の先に、丘の寺院の堂宇を望む（品川区上大崎1丁目）

スリバチ状の池田山公園　谷戸の湧水を活かした典型的な公園系スリバチである池田山公園（品川区東五反田5丁目）

江戸・山の手の谷

番町・麹町

Bancho
& Kojimachi

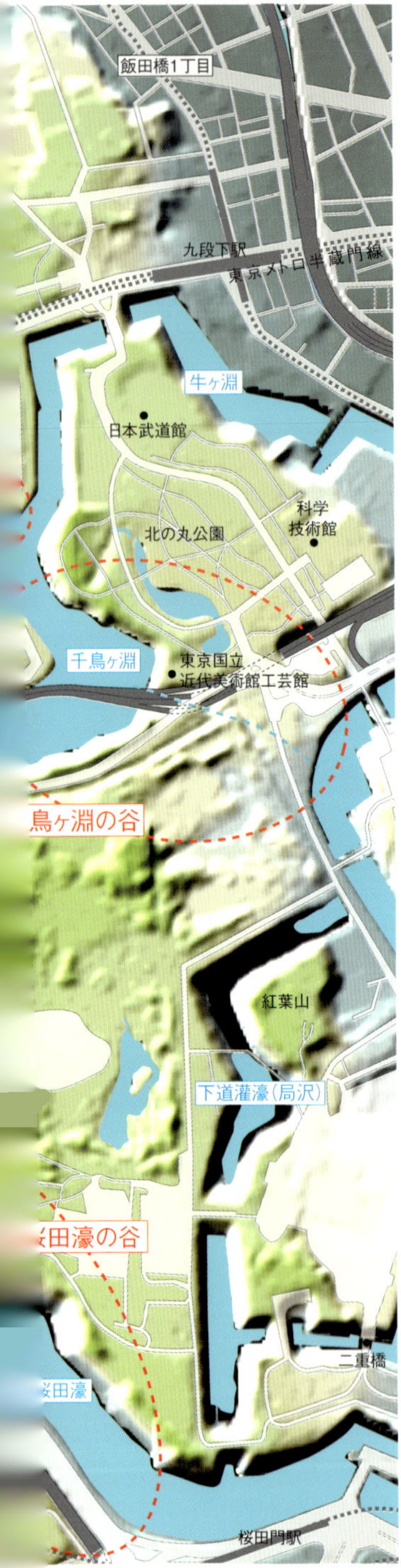

スリバチエリア
坂
川跡・暗渠
旧用水路
神社・寺
断面位置をあらわす

[標高]

0m
5m
10m
15m
20m
25m
30m
35m

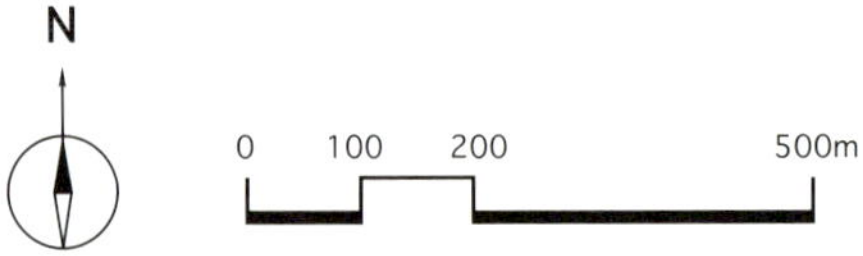

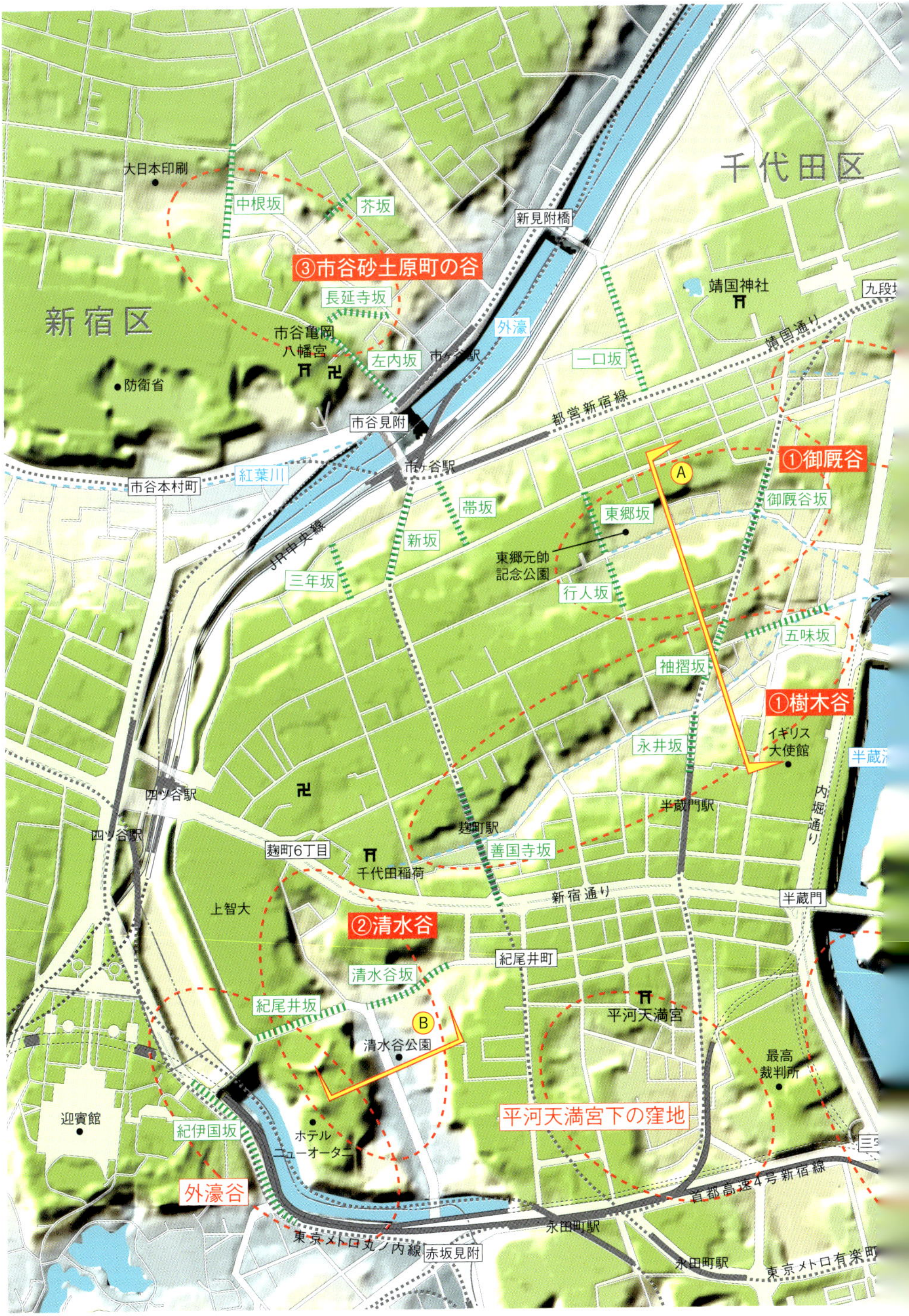
千代田区
新宿区
大日本印刷
中根坂
芥坂
新見附橋
③市谷砂土原町の谷
長延寺坂
靖国神社
九段
市谷亀岡八幡宮
外濠
左内坂
市ヶ谷駅
一口坂
靖国通り
防衛省
都営新宿線
市谷見附
市ヶ谷駅
①御厩谷
紅葉川
市谷本村町
A
帯坂
東郷坂
御厩谷坂
新坂
JR中央線
東郷元帥記念公園
三年坂
行人坂
五味坂
袖摺坂
①樹木谷
イギリス大使館
永井坂
半蔵濠
四ツ谷駅
半蔵門駅
内堀通り
四ツ谷駅
麹町駅
麹町6丁目
善国寺坂
千代田稲荷
新宿通り
半蔵門
上智大
②清水谷
紀尾井町
清水谷坂
平河天満宮
紀尾井坂
B
清水谷公園
最高裁判所
迎賓館
ホテルニューオータニ
平河天満宮下の窪地
紀伊国坂
外濠谷
三宅
首都高速4号新宿線
永田町駅
東京メトロ丸ノ内線
赤坂見附
永田町駅
東京メトロ有楽町

番町・麹町といえば誰もが認める都心の一等地であろう。

麹町の「麹」とは、武蔵国府（府中市）への路、すなわち「国府路《こうじ》」の起点になった場所を意味している。その国府路とは、江戸時代の五街道の1つである甲州街道、現在の新宿通りのことだ。麹町は江戸時代にもっとも早くから発達した甲州街道筋の町人地で、周辺の武家地を商圏として、その消費物資を一手に引き受けていた。新宿通りが皇居へ突き当たる御門を半蔵門と呼ぶが、これは江戸城門前に、伊賀の忍者の首領・服部半蔵の組屋敷があったことに由来している。

一方、番町の名の由来は、江戸時代初期に城を警衛する旗本・大番組の屋敷があったことによる。彼らは番方《ばんかた》と呼ばれ、50名を一組とし、六組が組織された。大番組が一番組から六番組まであったのに対応して、現在の町名も一番町から六番町に分かれている。幕府の役職についた旗本を「御番入り《ごばんいり》」といい、番町に屋敷が与えられるのは、江戸幕府執行機関のエリートの証であった。

徳川家康が入国して、直属の家臣団に宅地を割り当てたのが番町・麹町であり、江戸城への登城（通勤）も便利で、防備力強化の意図もあった。この一帯は震災・戦災の後も町の区画割りに大きな変革がなく、整然としたかつての屋敷地が大使館や邸宅風の高級マンションに置き換えられているだけなので、エリート官僚の住居地だった風格が今でも漂うのだ。

さて、地形図を眺めてみると、直線的で整然とした町割りの中に、揺らぐような道路が幾筋か走っているのが分か

る。これらは御厩谷《おんまやだに》・樹木谷と呼ばれた江戸初期の歴史にも登場する古い谷筋の川跡である。

台地の尾根筋を走るのが新宿通り（甲州街道）で、玉川上水の流路でもある。新宿通りは両側から迫る谷の誘惑を避けるように、微妙に右へ左へとカーブしているのも分かる。道路の屈曲部は、背後にスリバチが潜んでいる証左なのだ。

ここでは地形的魅力に加え、スリバチ地形の奏でる現代的な都市景観にも注目したい。都心一等地ならではの景観が現出しているからである。

① 樹木谷と御厩谷

麹町台地を西から東へ横切る御厩谷と樹木谷は千鳥ヶ淵へと注ぐ谷筋であるが、千鳥ヶ淵とはこれら支谷の流れを堰き止めて築いた、飲料水確保のための人工湖であることを前作の「日比谷」の章で紹介した。つまり御厩谷と樹木谷は、その千鳥ヶ淵川の河谷の上流部、谷頭にあたる。

御厩谷は将軍家の厩舎があったことから付けられた名で、

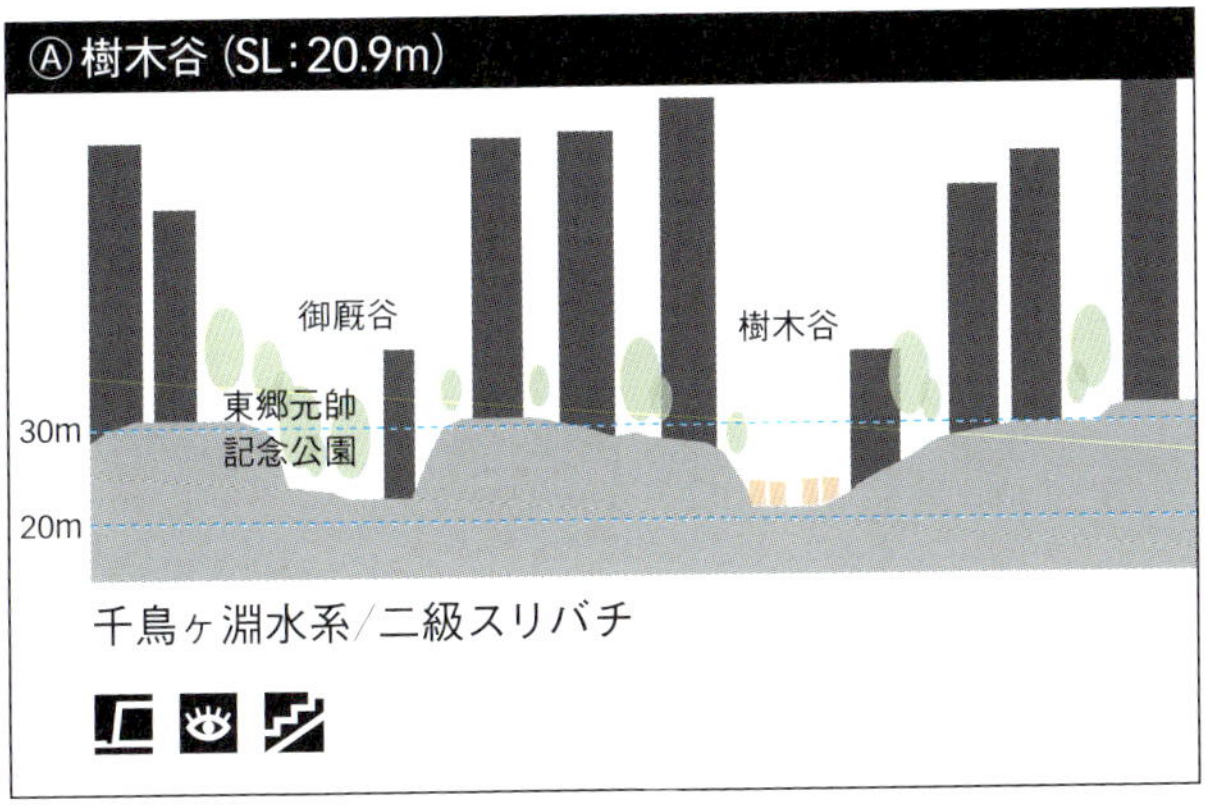

千鳥ヶ淵の窪み　内堀通りが窪んでいるのは、千鳥ヶ淵へと注ぐ川の谷（樹木谷の下流域）を越えるからである（千代田区一番町）

御厩谷坂という名が現在に残されている。区立四番町図書館前では、東郷坂と行人坂が対峙していることで、谷の存在を知ることができよう。御厩谷は崖状の斜面で囲まれているのが特徴で、『御府内備考』には、「御馬の足洗ひし池残りて有」とあり、馬洗池があったとも言われる。谷頭付近には東郷元帥記念公園があり、地形の高低差と崖の性状を把握しやすい。公園の低い部分は1929年（昭和4）に上六公園として開園しており、隣接した台地部にあった東郷平八郎（日露戦争での連合艦隊司令長官）の私邸が1938年に寄付されたことで一帯が整備されたものだ。

一方の樹木谷は、前章でも触れた通り別名地獄谷と呼ばれ、武家屋敷として開発される以前の谷戸には墓地（人捨て場）が密集していたことに起因する。樹木谷には、江戸時代初期には多くの寺院が並んでいたが、元々は現在の皇居内にある局沢や紅葉山の谷筋にあった寺院群で、江戸城建設の際に強制的に移転させられたものだ。樹木谷の寺院もやがては江戸の拡大とともに、四谷の若葉などの谷（鮫が橋谷）に移転させられてゆく。寺院のあった名残が、通称日本テレビ通りにある「善国寺坂」という対の坂道だ。善國寺は江戸時代中期までこの谷底にあったが、他の寺院が城外へ移された際、神楽坂の丘の上に移り、この地に名が残された。善國寺は現在、毘沙門天《びしゃもんてん》の名で親しまれている。

樹木谷の断面展開図

樹木谷の谷筋と思われる細い道をさらに上流へと遡ると、再開発地の敷地内で、地形の高低差を活かした川のせせらぎが再現されている。この界隈では他にも、平河天満宮下の窪地の谷頭で、やはり再開発地内のせせらぎを見ることができる。復元された水の流れは、地形的な窪みや谷筋を再解釈したランドスケープデザインとして興味深い。樹木谷をさらに遡上して谷頭を目指すと、千代田稲荷の祠と赤い鳥居が目に入る。千代田稲荷は元々この辺りの旗本屋敷内に祀られていたが、明治以降は場所を転々とし、再開発によって日枝神社内に遷座していたものを元来の地へ戻したものだという。

さて、この界隈に特徴的な町並みの観察事例をここで紹介しておきたい。

整然と区画された番町の町割りの中で、ゆらゆら揺れる谷筋道を歩いていると、建物上部の壁面が道路に向かって斜めにカットされ、建物で切り取られたスカイラインが渓谷状であることに気付くだろう。これは建築基準法で定められた斜線制限と呼ばれる建物の形態規制によるもので、

右＝**善国寺坂の窪み**　善国寺坂は、樹木谷を越える対の坂（千代田区二番町）／左＝**再開発地の水景施設**　谷地形を再開発した場所には、水景施設が設けられる場合が多い（千代田区二番町）

建物渓谷の事例1・2　空に向かって建物上部が斜め形状になっている、建物渓谷の事例（千代田区二番町）

屋敷型のモデル図

町屋型のモデル図

敷地が狭く道路に対して間口が狭い場合に起こる、いわば建物壁面がつくる都会の渓谷だ（建築家の吉村靖孝氏は著書『超合法建築図鑑』の中で「斜線渓谷」と呼んでいる）。丘の上では、ゆとりある広い敷地が確保されているためか、ビル壁による渓谷は見られなくなり、周囲に空地をめぐらせた高層の独立した建物が多くなる。これらは「屋敷型」・「町屋型」と前作で紹介した建物類型の発展形で、建物壁面が渓谷を成すのは町屋型の場合である。麹町という1つの町内で、丘と谷では異なるタイプの建築形態が見られるのが面白い。現行法規に則っての、ある意味成熟した町並みの形態と言えるだろう。

② 清水谷

新宿通り（甲州街道）の道筋に「ゆらぎ」をつくる南の谷の代表は清水谷であろう。上智大学裏を谷頭とする谷筋と、麹町4丁目を谷頭とする谷筋が合流した場所に、清水谷公園という緑に包まれた典型的なスリバチ公園がある。その名の通り、園内の崖下では清水が湧いていたらしく、

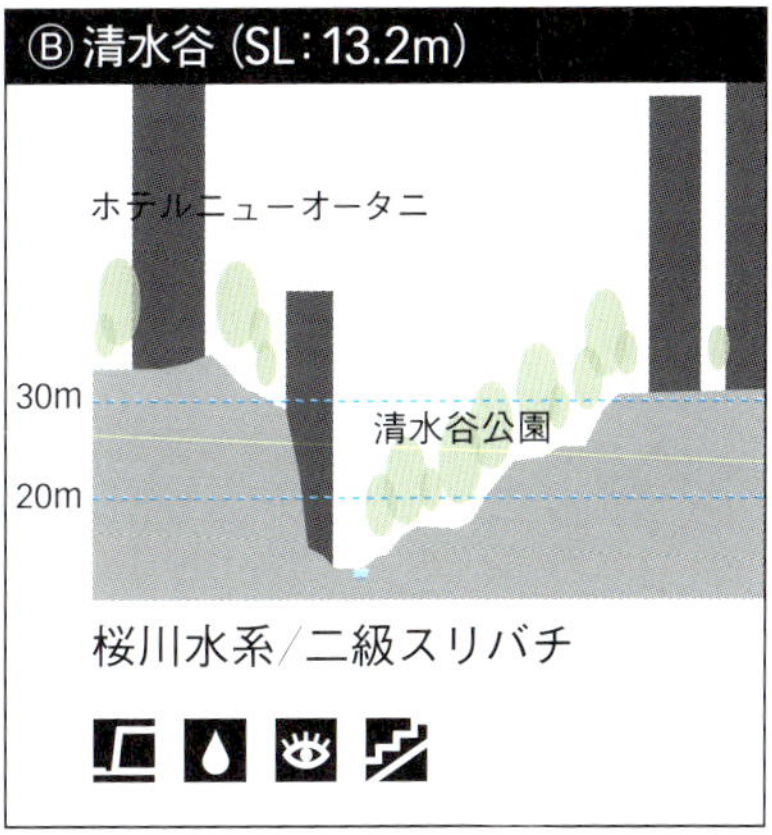

清水谷公園　江戸時代には崖下から清水が湧き出ていたため、一帯は清水谷と呼ばれていた（千代田区紀尾井町）

湧水を満たした池も残されている。ちなみにこの一帯を紀尾井町と呼ぶのは、紀伊家、尾張家、井伊家の三邸があったためである。

③ 市谷砂土原町の谷

番町の北の境界である外濠は、紅葉川（上流では桜川とも呼ばれる）が流れていた谷地形を活用し開削したもので、濠の輪郭や石垣などは、東京に残された江戸の遺構として貴重な存在と言える。

外濠の南斜面には、一口坂と書いて「いもあらい坂」と読む直線状の坂があるが、この「いも」は「へも」、すなわち疱瘡《ほうそう》の転化であって、疱瘡を治すと伝える一口稲荷がその名の由来という。一口稲荷はその昔、京の淀に一口という地があり、辺りの湿地帯の水を一口に集めて淀川本流に導入していたためとされる。かつて湿地帯では天然痘の発生が多く、その対策として稲荷を勧請したとする説で、桜川の谷底低地が湿地だったころの記憶を伝える坂名である。

一方、北斜面では、対岸の番町を望む崖上に市谷亀岡八幡宮が丘の頂に鎮座している。市ヶ谷駅至近にありながら、雑踏とビルの谷間に埋もれ、つい見逃してしまいそうな神社だが、参道の長い石段は淀橋台の高低差を思い起こさせるのに十分だ。参道を上れば、駅

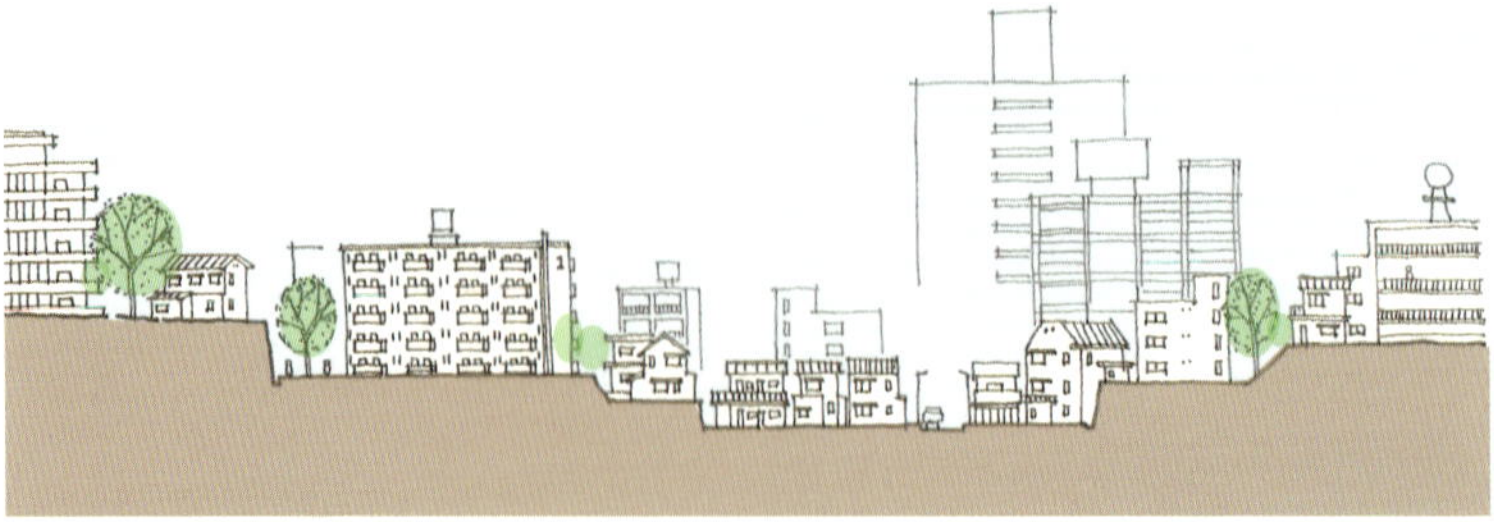

砂土原の断面展開図

周辺の雑踏が嘘のように、鎮守の杜の静寂が待っている。

もう1つ、北斜面に横たわるような長く続く谷筋がある。谷筋は長延寺谷とも呼ばれ、谷に下りる坂の1つに芥坂《ごみざか》の名が残る。谷の底面は現在、地元密着型な商店街や、大手印刷会社の工場や倉庫などに利用されている。中根坂を跨ぐ歩道橋の上からは、倉庫の建物が窪地に沿った形で連続する様子が見られ、谷の曲線形状を誇示するかのようだ。オフセット印刷が開発される以前、まだ活版による印刷が主流だった頃には、凸凹は印刷の象徴的記号であった。その記号を社名に用いている印刷会社もあるくらいだ。この地では、日本を代表する大手印刷会社が、施設配置に凹地をそのまま活かしているところが面白い。

市谷亀岡八幡宮の参道　参道の急な階段で淀橋台の高低差を実感する。（新宿区市谷八幡町）

地形に沿った倉庫例　凹地形に沿うように並んだ倉庫の例（新宿区市谷鷹匠町）

砂土原町のスリバチビュー　商店や住宅が連なる谷筋を丘から眺める（新宿区市ヶ谷左内町）

地形がぼくに絵を描かせる

大山 顕

おおやま・けん／ドボク写真家・GPS地上絵師。主な著書に『工場萌え』（東京書籍）『ジャンクション』（メディアファクトリー）『高架下建築』（洋泉社）。『東京「スリバチ」地形散歩』では高架下建築の写真を提供。

ぼくは絵が描けない。しかしなぜか「GPS地上絵」の設計はできる。たぶん地形の神様がぼくを導いているんだと思う。

「GPS地上絵」とは、GPSロガーを持って街を歩き、その軌跡で絵を描くという遊びだ。このゆかいな遊びを、ぼくはスリバチ学会の副会長である石川初さんに教えてもらった。実は彼は日本を代表する「GPS地上絵師」でもあり、これまで多くの地上絵を描いている。ぼくはいわば「石川流」の弟子であり、これまで12個の地上絵を描いた。

この「GPS地上絵」を描くプロセスには大きく2つの段階があって、街を歩き回る前の手順として「設計」がある。これは道路地図をひたすら眺め、どこかに絵が隠れていないかを見つける作業だ。どこの街にどんな絵を描くことができるかは、設計している当人にも分からない。いままでのぼくの経験だと、だいたい2週間ぐらい毎日いろいろな街の地図を眺めていると、あるとき急にとある道路が絵に見える瞬間がやってくる。ぼくはこれを絵が「降りてくる」と呼んでいる。

とはいってもいきなり絵全体が「降りてくる」わけではない。最初に見えるのは絵の一部だ。ホンゴウサギ［図1］の場合は、不忍通りの東側に並行して走る道路のやんわりとした曲線が、お腹に見えたのがきっかけだった。このふくよかな丸みがウサギの腹部として「降りてきた」次の瞬間、続いて本郷通りが本駒込駅の付近でくっと浅く折れ曲がる曲線が背中に見えた。さらに東大前駅付近から本郷通りを南西へ外れる道が後頭部に見えた時、勝負がついた。何日も何も見えなかったのに、いったん「降りて」くると、こうして5分ぐらいでするするっと描けてしまう。ほんとうに不思議だ。

駒沢タツノオトシゴ［図2］の場合も、お腹が最初に「降りて」きた。目黒通りのゆるやかなS字曲線がタツノオトシゴのお腹と首に見えた次の瞬間に絵は完成していた。雑司ヶ谷ガチョウ［図3］の場合は、首の曲線が「降りて」きた。

さて、このように最初に「降りてくる」道の曲線にはなにか共通点があるのだろうか？　あるのだ。もう図を見てお分かりだと思うが、いずれもスリバチ地形なのだ。ホンゴウサギのお腹は谷田川（藍染川）が削った曲線であり、背中と後頭部の本郷通りとそこから延びる道は鶏声ヶ窪のスリバチを縁取るもの。そしてタツノオトシゴのぷっくりとしたお腹は呑川が作ったスリバチの曲線、ガチョウの優美な首は弦巻川の谷筋だ。

冒頭で言ったようにぼくはほんとうは絵が描けない。おそらく白紙を渡されて、さあウサギが跳びはねている絵を描いてください、と言われてもこんなふうにかわいくは描けないだろう。それが地上絵だとこうして描けてしまう。これはもう、地形に導かれているとしか言いようがない。スリバチの神様は遊び心あふれる絵描きなのだろうと思う。

理想のGPS地上絵は、すべての線が地形に導かれてできあがっているだろう。そういう絵をいつか描いてみたい。

図1　エキサイティングな地形のなかで飛びはねる「ホンゴウサギ」。右下が北。お腹は川の跡の蛇行、アゴの下は不忍池だ。眼は東大キャンパスで、瞳は三四郎池。耳の部分が地形に素直でなくややエレガントさに欠けるが、全体としてはかなり絵が「降りてきた」作品だ。歩いて「描画」している最中「今、前足の先のほうに向かってるから上り坂なんだ！」というように、本来ギャップがあって関連づけが難しい目の前の風景と大きな地形図レベルとの関係が、動物の身体という図が介在することで結びつけられる実感があった。

図2　「駒沢タツノオトシゴ」。右下が北。多摩川と目黒川の間にすっぽりと収まっている。お腹から首にかけてのエレガントな曲線は、呑川が作ったもの。尻尾や背中は地形を無視しているのでかなりガタガタだが、幸いモチーフがタツノオトシゴなのでうまく収まっている。我ながらナイス。そして瞳は等々力渓谷。こういう特徴的な地形が絵の重要ポイントとシンクロする、というミラクルがGPS地上絵ではよく起こる。これもまたスリバチの神様の仕業か。

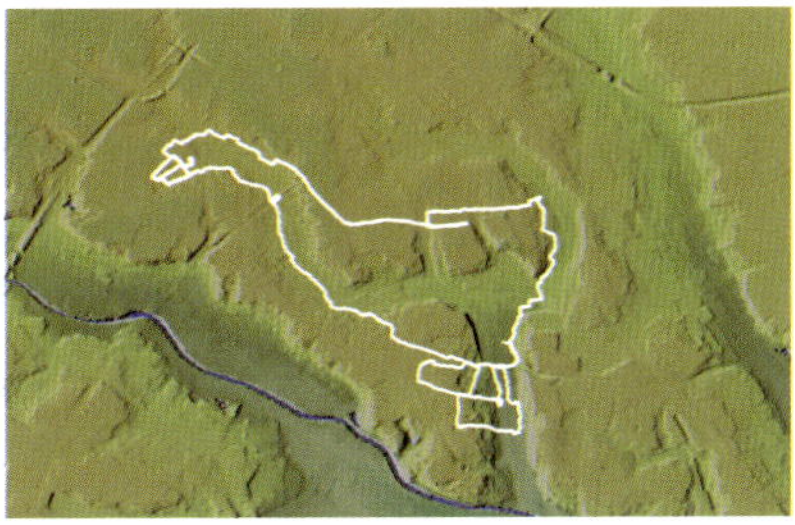

図3　「雑司ヶ谷ガチョウ」。ほぼ上が北。くちばしの先に学習院大学、首の後ろに東京音大、お腹の下に日本女子大、そしてお尻の後ろにお茶の水女子大、というアカデミックなガチョウ。前著『東京「スリバチ」地形散歩』でも取り上げられた由緒正しいスリバチ地帯を歩いている。首の曲線は弦巻川、お尻は水窪川の跡だ。脚の部分が地形を強引に跨いでいるので、やや不細工。気に入っているのは、上のクチバシと下のそれとが微地形をトレースしている部分。

＊図はすべて国土地理院「基盤地図情報数値標高モデル」のデータを Kashimir 3D で表示させGPSログデータを重ねたもの。（いずれも筆者作製）

等々力

Todoroki

北の音無、南の等々力 1

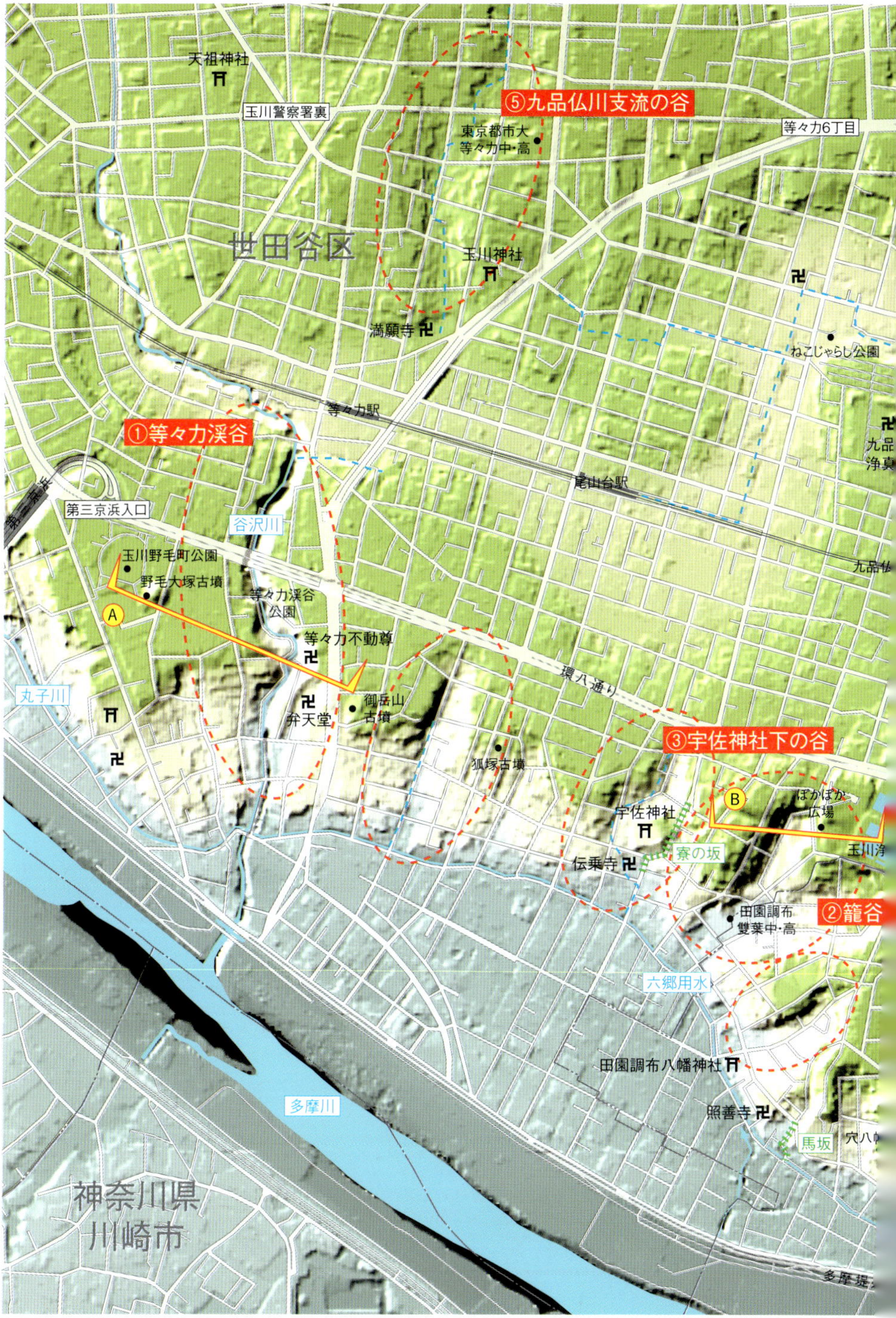
天祖神社
玉川警察署裏
⑤九品仏川支流の谷
東京都市大
等々力中・高
等々力6丁目
世田谷区
玉川神社
満願寺
ねこじゃらし公園
等々力駅
①等々力渓谷
九品
浄真
尾山台駅
第三京浜入口
谷沢川
九品仏
玉川野毛町公園
野毛大塚古墳
等々力渓谷
公園
A
等々力不動尊
環八通り
丸子川
弁天堂
御岳山
古墳
③宇佐神社下の谷
狐塚古墳
B
ぽかぽか
広場
宇佐神社
伝乗寺
寮の坂
玉川浄
田園調布
雙葉中・高
②籠谷
六郷用水
田園調布八幡神社
多摩川
照善寺
馬坂
穴八
神奈川県
川崎市
多摩堤

平坦な武蔵野台地は、国分寺崖線と呼ばれる段丘崖で突然に終わる。台地の南、崖下に広がるのは多摩川の氾濫原、広大な沖積低地だ。国分寺崖線には幾筋もの谷が開析され、台地と低地の境界に多様なジグザグ線を与えている。代表的なのが等々力渓谷《とどろきけいこく》と呼ばれる深く細長い侵食谷である。等々力渓谷は河川争奪の結果、下方侵食によって台地先端部を谷沢川《やざわがわ》が深く削ったことで生まれた特異な地形である。その形成過程とはどのようなものだったのか。

　等々力渓谷を流れる谷沢川は元々、段丘崖から湧き出た水が多摩川へと流れ落ちる短い河川に過ぎなかった。しかし、その流れを上流側へと徐々に伸ばし（谷頭侵食）、やがては上流部を流れていた九品仏川《くほんぶつがわ》まで到達してしまった。すると、流量の多い九品仏川の水は、急流である谷沢川へと流れ込み、九品仏川上流は谷沢川に水流を奪われる格好となった。この自然現象を河川争奪と言う。九品仏川の水を奪って水量を増した谷沢川は、それまで削っていた段丘崖をさらに激しく下方へ侵食するようになり、現在見るような深い渓谷状の谷を形成したのだ。貝塚爽平氏は『東京の自然史』の中で、「九品仏川の上流を『斬首』した川は水量をにわかに増して下刻たくましくし、等々力渓谷を作った」と自然の営みを勇ましく表現している。

　その等々力渓谷よりも東側に、峡谷状の谷と岬状の丘が交互に連なる地形が続く。台地に切り込むそれぞれの谷は、あたかも丘の上

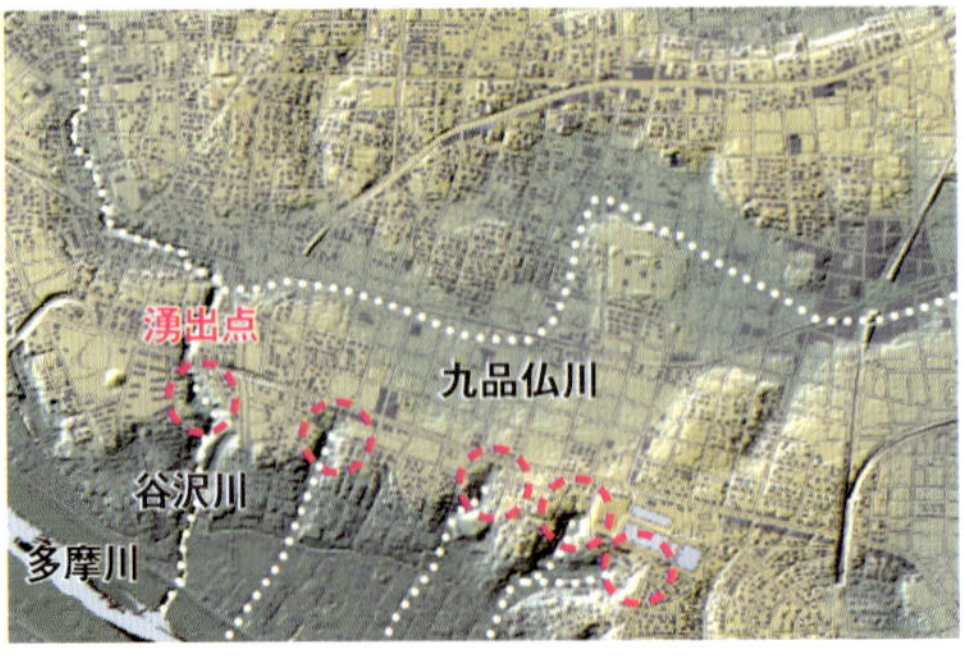

河川争奪までの経緯1　崖下からは幾つもの湧出があったものと思われる

を悠々と流れる九品仏川の流れを奪おうとする肉食系スリバチにも見える。どの湧出点も渓谷になり得るチャンスはあったのだ。

南斜面のこの一帯は古くから人が住みつき、御岳山古墳や狐塚古墳・野毛大塚古墳などが多く残されている。これらを野毛古墳群と呼び、田園調布古墳群と合わせて荏原台《えばらだい》古墳群とも呼ぶ。古墳がいずれも舌状の台地突端に位置し、地形の起伏を強調しているかのようだ。スリバチの第一法則とは、現代の町に限った話ではないのだ。

武蔵野台地の中でもこの周辺に古墳が突出して多いのは、多摩川という豊富な水資源を活用し、広大で肥沃な低地を開拓した、大規

等々力渓谷とゴルフ橋　鬱蒼とした緑に包まれた別世界の渓谷が続く（世田谷区野毛1丁目・等々力1丁目）

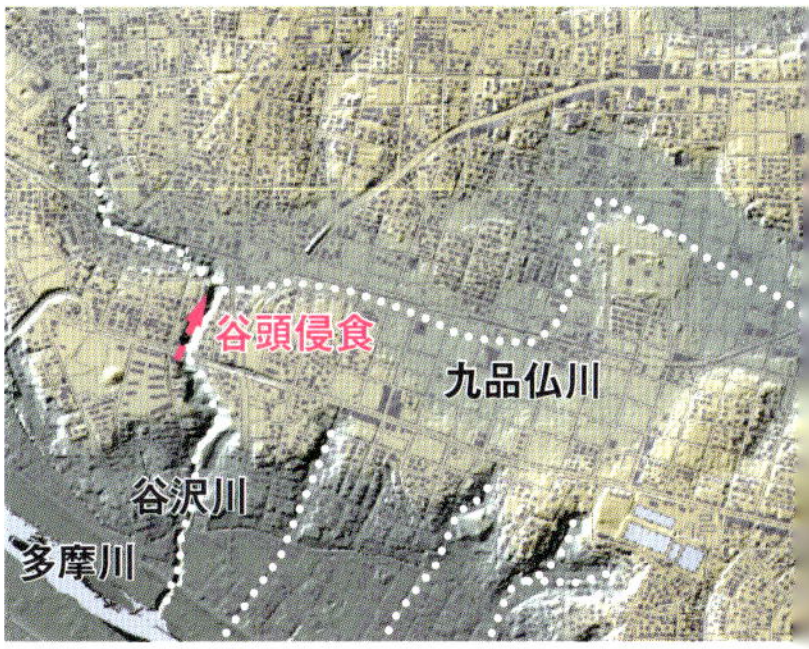

河川争奪までの経緯2　谷沢川が谷頭侵食によって北へと延びてゆき、九品仏川へ到達する

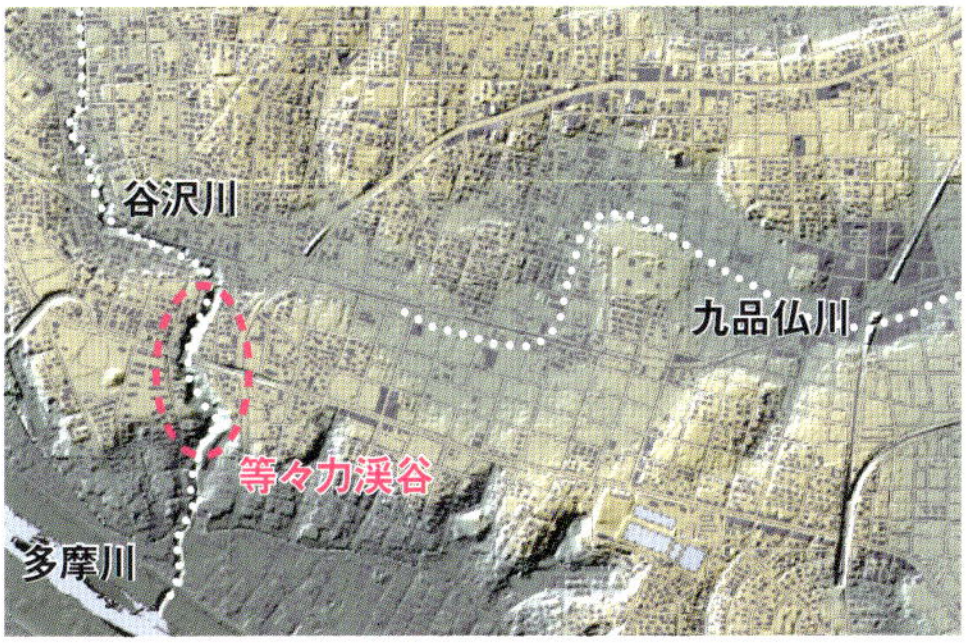

河川争奪までの経緯3　谷沢川によって上流を奪われた九品仏川は水量が不足し衰退した

模農耕社会が成立していたことを意味する。すなわち弥生以来の生産性が高い農耕社会を背景とした、強力な首長の治める政治的集団があった証なのである。小規模な谷戸で稲作経営を続けていたローカルな集落とは、けた違いの規模を誇る集落が存在していたエリアなのであろう。

この章では、長い峡谷と舌状の台地が織りなす、起伏激しいアグレッシブな崖線景観と、草食系の穏やかなる侵食谷の楽しみ方を探ってゆきたい。

① 等々力渓谷

東急大井町線等々力駅で下車し、台地の裂け目を想わせる断崖を急な階段で下りると、緑に包まれた深淵なる等々力渓谷が待っている。遊歩道入口の赤い橋は「ゴルフ橋」と呼ばれ、昭和初期にこの付近にあったゴルフ場へ向かう人のためにつくられた橋としてその名が付いた。

ここからは渓谷に沿って遊歩道が整備されており、せせらぎを間近に眺めながら下流へと散策できる。所々で崖線から湧き出た清水が遊歩道を横切っている。環状8号線の下をくぐり、さらに南下すると斜面地を整備した等々力渓谷公園が広がる。この辺りには横穴古墳や稚児大師堂など見どころも多い。さらに進むと、川沿いの宝珠閣と、崖下の不動の滝が見えてくる。渓谷に轟く滝の音から「等々力」と命名された由来の滝で、流れ落ちる水の量は都心の湧水と比べてもなかなかのものがある。役行者《えんのぎょうじゃ》ゆかりのパワースポットでもある不動の滝の脇の階段を上がると、崖上には等々力不動が祀られている。平安時代に不動明王像を安置したことに始まる古刹で、役行者の霊場として今でも行者が絶えない。境内には渓谷を見渡す展望台も設けられている。

この等々力不動の南には、見落としがちな小さな谷戸があり、谷頭から湧き出た聖水を溜めた小さな池（弁天池）もある。そしてその中島には弁天堂がひっそりと祀られ、霊場的な雰囲気を漂わす。

等々力渓谷を流れた谷沢川は、弁財天からの細流も合わせ、多摩川低地へ流れ出たところで丸子川と出会う。丸子川は、六郷用水（次太夫堀とも呼ぶ）の下流域の名称で、多摩川沿いの低地に開拓された水田を灌漑する目的で導かれた水路である。現在は谷沢川に合流してはいるが（丸子川の下流側河道は谷沢川の水を汲み上げて流している）、元々は谷沢川と立体的に交差し、下流域を潤す用水として活かされていた。谷沢川は、隧道《すいどう》状に埋設された石製の埋樋を介して丸子川（六郷用水）底部を抜ける構造で、用水の悪水吐として利用されたらしい。

ちなみに、人工的な水路と自然河川はしばしば立体的に交差し、その代表が神田川の谷を越える上水道（神田上水）のために築かれた水路の橋、「水道橋」だ。ローマの水道橋のようにスケールは決して大きくないが、水路が張りめぐらされていた低地の水田地帯では、

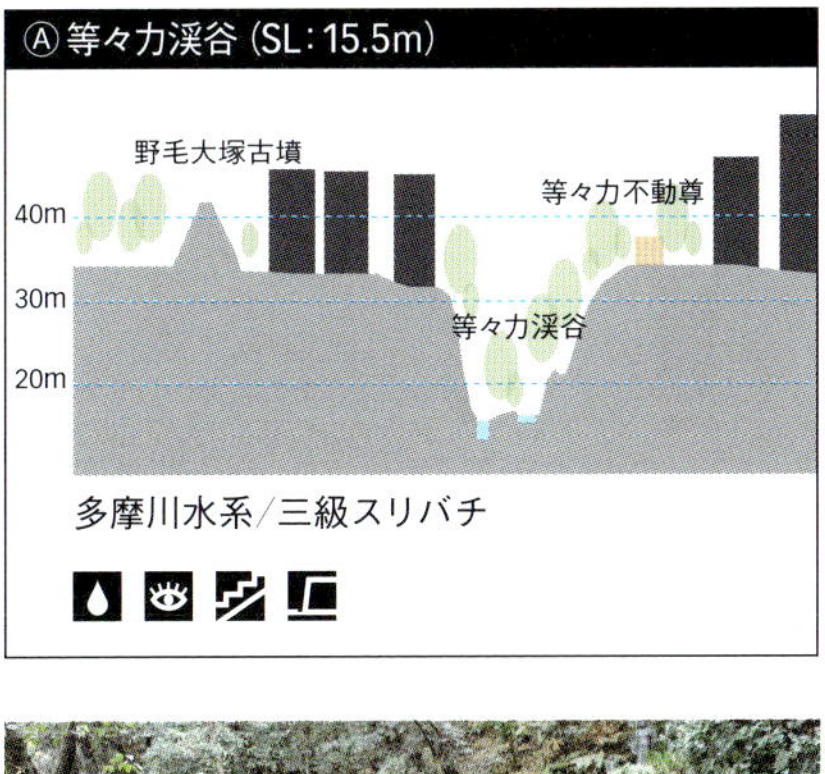

右＝**等々力不動の滝**　不透水層である渋谷粘土層上部から地下水が湧き出ている（世田谷区等々力1丁目）／左＝**森の中の弁財天**　谷沢川支流の谷頭近くに弁財天が祀られている（世田谷区等々力1丁目）

ささやかな川の交錯部（水道橋）が随所で見られる。巧みに築かれた水路網から、「水をどう扱うか」ということに関し、この国が多大な経験と技術を有していることを知るのである。

② 籠谷戸

等々力渓谷の東にはいくつかの谷筋が多摩川に向かって南下している。谷に分断された丘の突端には、宇佐神社や田園調布八幡神社が祀られ、住宅地となった低地からも緑に覆われた鎮守の杜はよいランドマークとなっている。この辺りでは水の流れる谷筋がいくつかあり、代表的なのは先の2つの神社に挟まれた「籠谷戸《ろうやと》」と呼ばれる二級スリバチだ。玉川浄水場直近に谷頭があり、流路は大田区と世田谷区の境界にもなっている。田園調布雙葉の学校敷地内を暗渠で通過し、上流部の開渠では谷戸から湧き出た流水を確認できる。

籠谷戸の崖下は、室町時代の頃には多摩川の水が際に打ち寄せていたらしく、奥沢城（現在の九品仏浄真寺のある丘）への物資の陸揚げの場だったとする伝承も残されている。

③ 宇佐神社下の谷

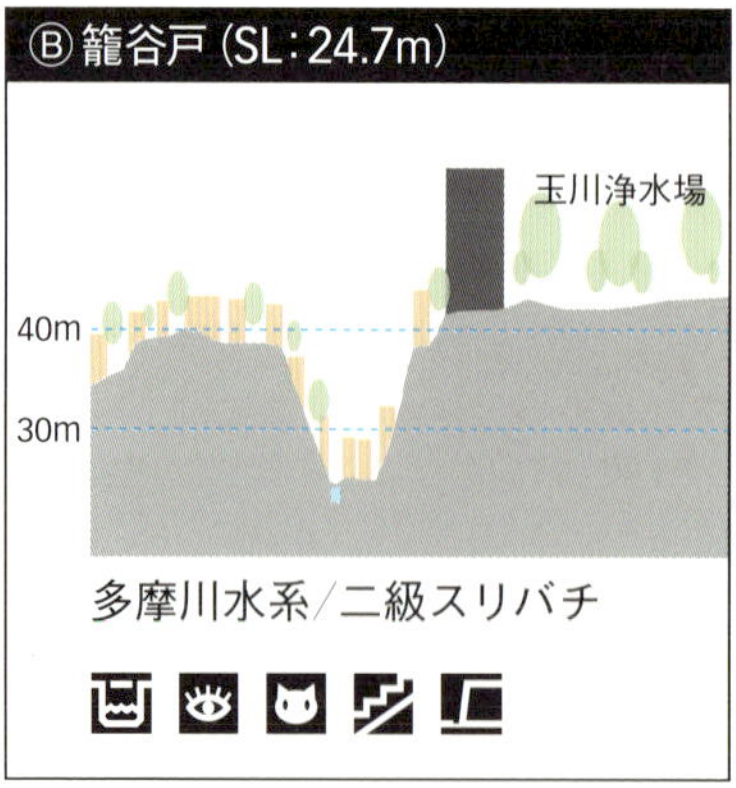

籠谷戸を俯瞰する　南向きの谷戸は明るく開放的な住宅地を演出している（世田谷区尾山台1丁目）

宇佐神社が祀られる舌状の台地を回り込むように刻まれた小さな河谷でも、ささやかな水の流れを見ることができる。崖下の谷地にはかつて共同墓地があったとされ、発見された板碑は宇佐神社下の伝乗寺に祀られている。小さな流れは伝乗寺境内を横切り、門前には歩道と見間違えそうな暗渠が残り、谷からの流れがそこにあることを知る。

さて、多摩川を南に望む起伏に富んだ高燥の台地は、現代においても良好な住宅地で、特にこの辺りでは、メンテナンスの行き届いた個性豊かな個人住宅をのんびりと歩いて見るのも楽しい。奥行きのある洒落た玄関アプローチ、手入れされた花咲く植え込み、職人が手仕事でつくった玄関ドアや窓のしつらえ、そして控えめながらも瀟洒な住宅の意匠。建設や整備にかけた労力とオーナーのこだわりは、大規模な建築物にも決して引けを取るものではなく、建売住宅ではなかなか叶わない凝った佇まいは見る者を飽きさせない。建物が密に並ぶヨーロッパの町並みと比べ、戸建ての住宅地は見て回るのに時間と気力を要するが、通りを行く人々をなごませ、町に潤いを与えている点では変わりがない。

右＝**学校の隙間の暗渠**　田園調布雙葉の学校敷地内を水路が通過している（世田谷区尾山台1丁目・大田区田園調布5丁目）／左＝**伝乗寺前の暗渠**　山門前を横切る水路（暗渠）に小さな橋が架かる（世田谷区尾山台2丁目）

④ 九品仏川の谷（未熟な谷）

谷沢川に水の流れを奪われた九品仏川の旧河道は、等々力渓谷から尾山台駅辺りまで、その痕跡を確認しづらい。しかし、土地の僅かな起伏に着目しながら未成熟な谷を巡るのも味わい深いものがある。起伏の緩いこの一帯は、古くは小山村と呼ばれていたが、近くにあった同じ名の村（品川区の小山。その名の由来は前作の碑文谷の章を参照）との混同を避けるため「尾山村」と改められ、現住所に継承されている。

その尾山台駅より東側では、町の窪みの底辺の水路跡が遊歩道に整備され、下流側の九品仏浄真寺周辺や、ねこじゃらし公園辺りまで下流に来ると川跡も分かりやすくなる。この辺りは、宅地化される以前には「底なし田んぼ」とも揶揄された山の手の沖積地で、昭和30年代まではボート漕ぎもできるほど大きな九品仏池があった。

川の流れはこの辺りでは丑川《うしかわ》とも呼ばれ、九品仏浄真寺が建立される以前にあった奥沢の領主大平出羽守の館を囲む濠に活かされていた。ここから下流域、自由が丘駅南を経由して緑が丘駅南で呑川と合流するまでは九品仏川緑道（佐山緑道）として整備され、住民

九品仏川の川跡　不自然に幅の広い歩道が九品仏川の川跡（世田谷区奥沢7丁目・目黒区自由が丘2丁目）

ねこじゃらし公園の水路　九品仏川の流れを再現したかのような水景施設。かつて九品仏池があったのもこの辺り（世田谷区奥沢7丁目）

の憩いの場にもなっている。かつては衾村の大字谷畑《やばた》と呼ばれた農村であったが、鉄道の開通とともに発展し、現在の自由が丘の町となったものだ。自由が丘という町の名は、自由主義教育を目標に設立された「自由ヶ丘学園」に因んで付けられた駅名が、町名にも採用されたものである。

⑤ 九品仏川支流の谷

未熟な九品仏川の谷といえども、いくつかの支谷が存在する。その1つが玉川神社下の流れがつくった河谷だ。等々力8丁目辺りを水源とし、玉川神社下の満願寺境内を流れて南下し、等々力駅の南、逆川と呼ばれている暗渠に流れ込んでいたと思われる。逆川は九品仏川の旧流路と考えられているが、河川争奪後には尾山台付近の雨水と、満願寺を流れた細流を集めて、至近の谷沢川方向へと傾斜を持つ川だったと思われる。

等々力渓谷のようにワイルドで分かりやすい谷の魅力もさることながら、住宅地の微妙な高低差に隠された、古代の化石谷を探し出すのも、ちょっとした探偵気分を味わえ興味は尽きない。大地の凹凸は何処へ行ってもエンターテインメントと成り得る。

右＝**自由が丘の町並み**　九品仏川緑道は自由が丘の町に憩いの場を提供している（世田谷区奥沢5丁目・目黒区自由が丘1丁目）／左＝**玉川神社前の窪み**　九品仏川の支流は玉川神社前に緩やかな窪みをつくる（世田谷区等々力3丁目）

北の音無、南の等々力 2

王子

Oji

スリバチエリア
坂
川跡・暗渠
旧用水路
神社・寺
断面位置をあらわす

[標高]

0m　20m
5m　25m
10m　30m
15m　35m

0　100　200　500m

名主の滝
公園
陸上自衛隊
十条駐屯地
上郷上水
王子稲荷
北区
JR埼京線
王子駅
権現坂
①音無さくら
緑地の窪地
北区中央公園
①音無もみじ
緑地の窪地
王子神社
王子駅前駅
北区役所
王子駅
滝野川4丁目
金剛寺
音無さくら
緑地
音無こぶし緑地
音無もみじ
緑地
正受院
A
石神井川
千川上水
飛鳥山駅
飛鳥山公園
新板橋駅
狐塚の坂
八幡神社
都電荒川線
東京メトロ
逆川
首都高速中央環状線
滝野川一丁目駅
千川上水
千川上水分水
西ヶ原四丁目駅
西ヶ原3丁目
旧中山道
善養寺
西巣鴨駅
妙行寺
②妙行寺下の窪地
染井銀座
大正大
正法院
新庚申塚駅
下瀬坂
本妙寺
慈眼寺
庚申塚駅
白山通り
猿田彦大神
上池袋
染井通り
谷端川
②長池の窪地
染井霊園
地蔵通り
都営三田線
高岩寺
巣鴨新田駅
とげぬき地蔵入口
豊島区
巣鴨駅
大塚駅北口

武蔵野台地南端に等々力渓谷という東京の名所が存在するように、台地の北東端にも「音無渓谷《おとなしけいこく》」と呼ばれる江戸時代からの景勝地がある。この渓谷で分断された南の台地は飛鳥山と呼ばれ、一方の北側の台地には王子神社が祀られる。痩せ尾根状の台地を分断し、優美な渓谷をつくった川は、音無川（石神井川《しやくじいがわ》）の名で呼ばれる。その名は紀伊家から出た八代将軍吉宗が、故郷熊野川上流の音無川に見立てて改称したもので、崖上の王子神社（＝熊野神社）に因んでの命名とされる。一方の飛鳥山の名も、紀伊新宮の飛鳥明神の分霊を祀った飛鳥神社が元々はこの地にあったことに由来する。飛鳥神社は1633年（寛永10）に王子神社境内に移された。

「等々力（＝轟）」と「音無」という極めて対照的な名を持つ2つの渓谷は、どちらも川の急変した侵食力によるものだが、音無渓谷の方は、自然の営みなのか人為的なものなのか記録がない為、定説はない。

このミステリアスな渓谷をつくった石神井川（音無川）は、中央線武蔵小金井駅北にある小金井カントリー倶楽部敷地内の湧水が源流と言われ（現在は鈴木小学校内の鈴木遺跡が源流ともされている）、武蔵関公園の富士見池を経て、三宝寺池や石神井池の水を合わせて東向きに流れ、武蔵野台地の東の端、飛鳥山へと至る。台地面を流れた川が、荒川低地へと滝のように流れ落ちていたため、滝野川と

Ⓐ 石神井川の谷 (SL：4.9m)

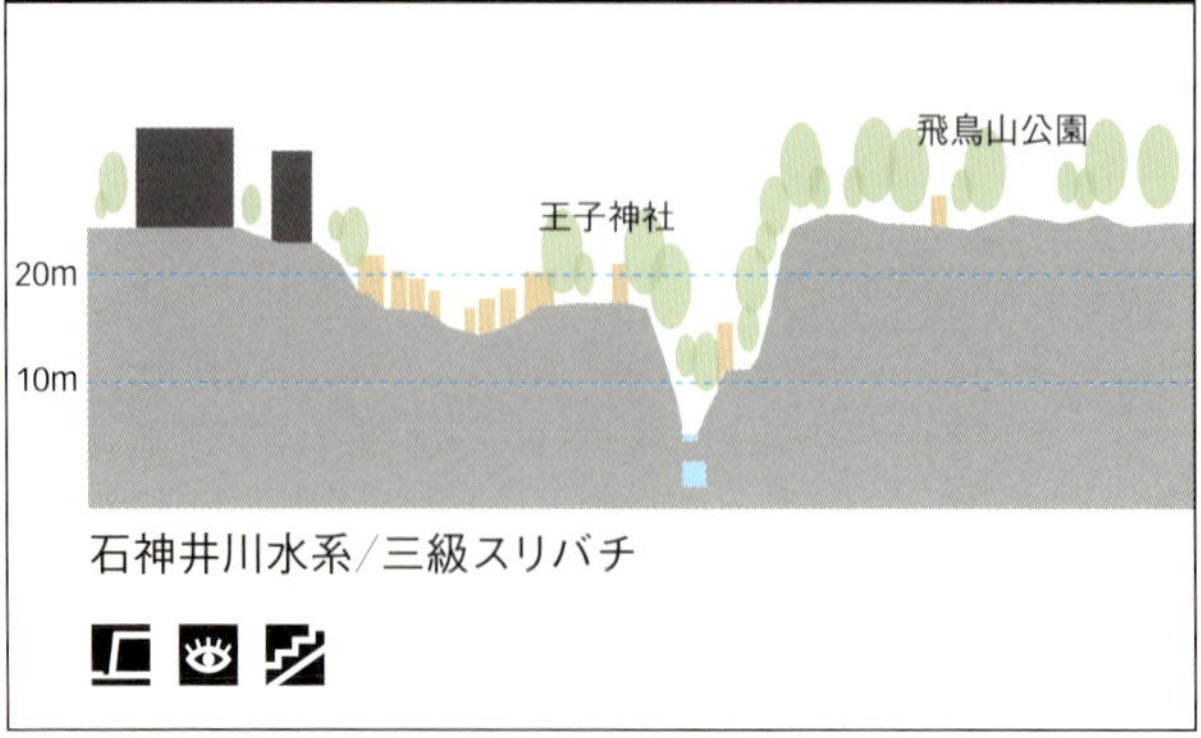

石神井川水系／三級スリバチ

上＝**途切れる台地**　北とぴあの展望台から飛鳥山と王子神社の杜を眺める（北区王子1丁目）／下右＝**音無親水公園**　整備された公園で、音無川の渓谷に思いを馳せる（北区王子本町）／下左＝**崖の上の王子神社**　武蔵野台地の北東端に熊野権現を祀る王子神社がある（北区王子本町1丁目）

の別称も持つ。

ところで、かつての石神井川は、飛鳥山下で流れる方向を南へ変え、現在の谷田川《やたがわ》（根津、千駄木辺りでは藍染川とも呼ばれる）の川筋を南下し、不忍池に水を溜め、神田付近のお玉が池を経由して、東京湾に注いでいたとされている。それがなぜ現在のように流路がショートカットされたのだろうか。その理由を説明する2つの考え方を以下に紹介したい。

まずは、自然の仕業とする考え方（自然開析説）だ。地元の北区史では、6000年前をピークとした縄文海進（有楽町海進）の最盛期頃、台地の崖際が急速に後退した結果、石神井川が台地の最も細る王子付近で崖端侵食を引き起こし、河川争奪によって流路を変えたと説明している。また、松田磐余氏の『江戸・東京地形学散歩』でも、この付近の等高線を分析し、分水界が読み取れること、そして荒川低地側の河道が蛇行しているのは自然河川の証拠であることなどから、河川争奪の結果であると結論付けている。

一方、人為的な結果（人工開削説）であると唱えるのは、『江戸の川・東京の川』の鈴木理生氏だ。氏は著書の中で、流路変更は豊島清光の工事によると推論している。豊島清光とは中世の豪族で、源頼朝が敵の江戸重長をさけて敵前渡河を決行した際、その先導をつとめたことで知られている。

また、『江戸の城と川』を著し、水と地勢に着目して古

古代石神井川の川跡　古代石神井川の川跡を、北西へと流れた細流は「逆川」と呼ばれた。現在は暗渠となっている（北区滝野川1丁目）

代からの「江戸」の変遷を論じた塩見鮮一郎氏もこの人工開削説に賛同している。当時の河口にあった江戸湊に石神井川の土砂が流れ込むのを防ぐとともに、荒川低地の灌漑用水としての役割を持たせるためだった、と説明している。

実際に歩いてみると、渓谷を挟んで上流側と下流側では河谷の性状が際立って異なることが印象的だ。特に上流側の不思議な凹凸地形はここならではのものである。音無の渓谷美を堪能した後はぜひ地形探偵気分で、この界隈を足で歩いて、「谷のストーリー」に思いを巡らすことを楽しんでいただきたい。

①音無さくら緑地・もみじ緑地の窪地（川の記憶のスリバチ）

北区役所が立つ丘の麓、音無さくら緑地や音無もみじ緑地と呼ばれる窪地は、石神井川の蛇行跡を公園に整備したものだ。平らな沖積低地を蛇行する川が三日月湖と呼ばれる川跡を残すのは一般的だが、石神井川の蛇行の名残は深く断崖状なのが特徴だ。これは石神井川が荒川低地に

音無さくら緑地　渓谷状の蛇行跡は公園として散策でき、崖線の露出した地層では湧水も見られる（北区王子本町1丁目・滝野川2丁目）

音無もみじ緑地　蛇行跡はスリバチ状の護岸構造なので、川岸近くまで下りることができる（北区滝野川3・4丁目）

ショートカットし、急激に侵食力を増したため、河床が下へと掘り下げられた結果と思われる。そのためここでは等々力渓谷と同じく、崖の岩肌から清水が湧き出ている箇所が観察できるし、崖には多くの滝があったとする記録も残っている。『江戸名所図会』の「松橋弁財天窟」には、両崖上の木々が覆いかぶさる名所として、滝や弁財天をはじめ、茶店などもある行楽地としての賑わいが描かれている。

② 長池の窪地・妙行寺下の窪地・妙義神社下の窪地

石神井川が荒川低地へと逸れ、川の上流部を失った谷田川にも幾筋かの流れが合流している。そして、支谷の先端へと至る流路は比較的辿りやすい。

代表的な谷頭は、染井霊園内の窪地にある長池跡だ。池の跡の細長い窪地は霊園内の墓地に転用されている。谷頭から200mほど下流では千川上水支流の土手の切通しが見られ、さらに川跡を下ると、本妙寺門前に「染井橋」と刻まれた橋の親柱も確認できる。この本妙寺は、1911年（明治44）に本郷より移転してきたもので、1657年（明暦3）、江戸市街地の3分の2が焼け、10万人以上の死者を出した振袖火事（明暦の大火）の火元となったことで名を知られる寺院だ。

染井霊園の方は、1874年（明治7）に雑司ヶ谷霊園・青山霊園とともに開設された公営の丘の上の墓地で、元々は建部内匠頭《たけべたくみのかみ》の下屋敷だった場所である。

もう1つの谷頭は西巣鴨4丁目の正法院や妙行寺などの寺院群（明治になって、下谷・四谷・浅草などから移転してき

霜降銀座の賑わい　本郷通りが谷田川を渡る橋が霜降橋。商店街の名もそこから付けられた（北区西ヶ原1丁目）

染井霊園内の長池跡　長池跡は周囲よりも窪み、共同墓地に利用されている（豊島区駒込5丁目）

たもの）がある窪地で、ここから流れ出ていた川の流路が北区と豊島区の区界になっており、細い暗渠路は本妙寺下まで辿ることができる。本妙寺はこれら2つの河谷を見下ろす台地の上にあるのだ。

さらに谷田川の下流では、旧国鉄官舎裏（駒込4丁目辺り）の千川用水分流跡を谷頭とする小さな河谷が、住宅地の中に残る。大國神社と妙義神社の丘に挟まれたプチスリバチである。この妙義神社が祀られた本郷台地の崖線の並びには、染井の地名の由来である泉（井）があったとされる染井稲荷神社もある。

③谷田川の大らかな谷

上野台地と本郷台地を隔てる旧谷田川の流路に沿うように、染井銀座商店街と霜降銀座商店街というローカルな商店街が続く。下流側は、駒込銀座・田端銀座・よみせ通りと続き、谷中のへび道へと至る。石神井川という大きな河川の水量が減じ、水害リスクの減った谷田川沖積地は、商店街には最適な場所だったのであろう。「坂を下りた商店街」はマーケット的にも有利な立地条件と言えるからだ。この谷田川の谷を挟み、本郷台の六義園と上野台の旧古河庭園が向かい合っている。

六義園は五代将軍徳川綱吉の御用人を務めた柳沢吉保《やなぎさわよしやす》が1695年（元禄8）に造営を始めた庭園で、自然の谷戸地形に頼らない、数少ない江戸期からの庭園である。明治になってからは三菱財閥の岩崎家の所有となり、1938年に東京市へ寄付されて翌年から一般に公開された。園内の大きな池は、千川上水の水を導いてつくった人工池で、池の3方を築山が囲み、人工の二級スリバチとなっている。園内最高峰の藤代峠からは、大池・築山・水路が望め、シークエンスで景観の変わる回遊式築山泉水庭園の醍醐味を味わえる。

一方、対岸に位置する旧古河庭園は、崖線を巧みに利用した洋風と和風の庭園が同居する。元は明治の外交をリードした陸奥宗光《むつむねみつ》の屋敷地だったもので、氏と姻戚関係を結んだ古河財閥に譲られ、3代目古河虎之助が庭園を整備した。崖上には、ジョサイア・コンドル設計の瀟洒な洋館が

旧古河庭園の日本庭園　日本庭園は崖下の湧水を利用したものと思われる。崖上には洋風庭園もある（北区西ヶ原1丁目）

深い谷を見下ろしている。丘の上の洋風庭園から低地へ下りると、「心」の字をかたどった心字池を中心に、大滝や大灯篭などが配された日本庭園が広がる。心字池は崖下の湧水を利用したもので、復元された渓谷美は公園系スリバチの典型である。

④ 平塚神社の丘

上野から続く台地の眼下には、広大な荒川低地が広がっている。台地端部が崖状なのは、約6000年前の縄文海進の際、崖下まで波が押寄せ、下層の東京層を掘り込んだためだ。この波食台地の突端に祀られているのが平塚神社だ。この丘にはかつて、章の冒頭で紹介した豊島氏の居城、平塚城があり、源義家が奥州征伐の帰りにこの城に立ち寄ったとされる。豊島氏から手厚い歓待を受けた義家は、その礼に甲冑を贈り、豊島氏は城の守り神にとその甲冑を土に埋め、平らな塚（甲冑塚）を築いた。しかし、太田道灌によって豊島氏最後の防衛拠点だった平塚城もついには落城し、その跡に平塚神社が建立されたのだった。

台地の端の平塚神社　社の裏手は高低差20ｍほどの崖で落ち込み、先には荒川の沖積低地が広がる（北区上中里1丁目）

六義園の眺め　築山（藤代峠）から広大な回遊式築山泉水庭園を望む（文京区本駒込6丁目）

谷の出会い 落合

Ochiai

- - - - スリバチエリア
坂
川跡・暗渠
旧用水路
⛩ 卍 神社・寺
断面位置をあらわす

[標高]

	0m		20m
	5m		25m
	10m		30m
	15m		35m

N

0 100 200 500m

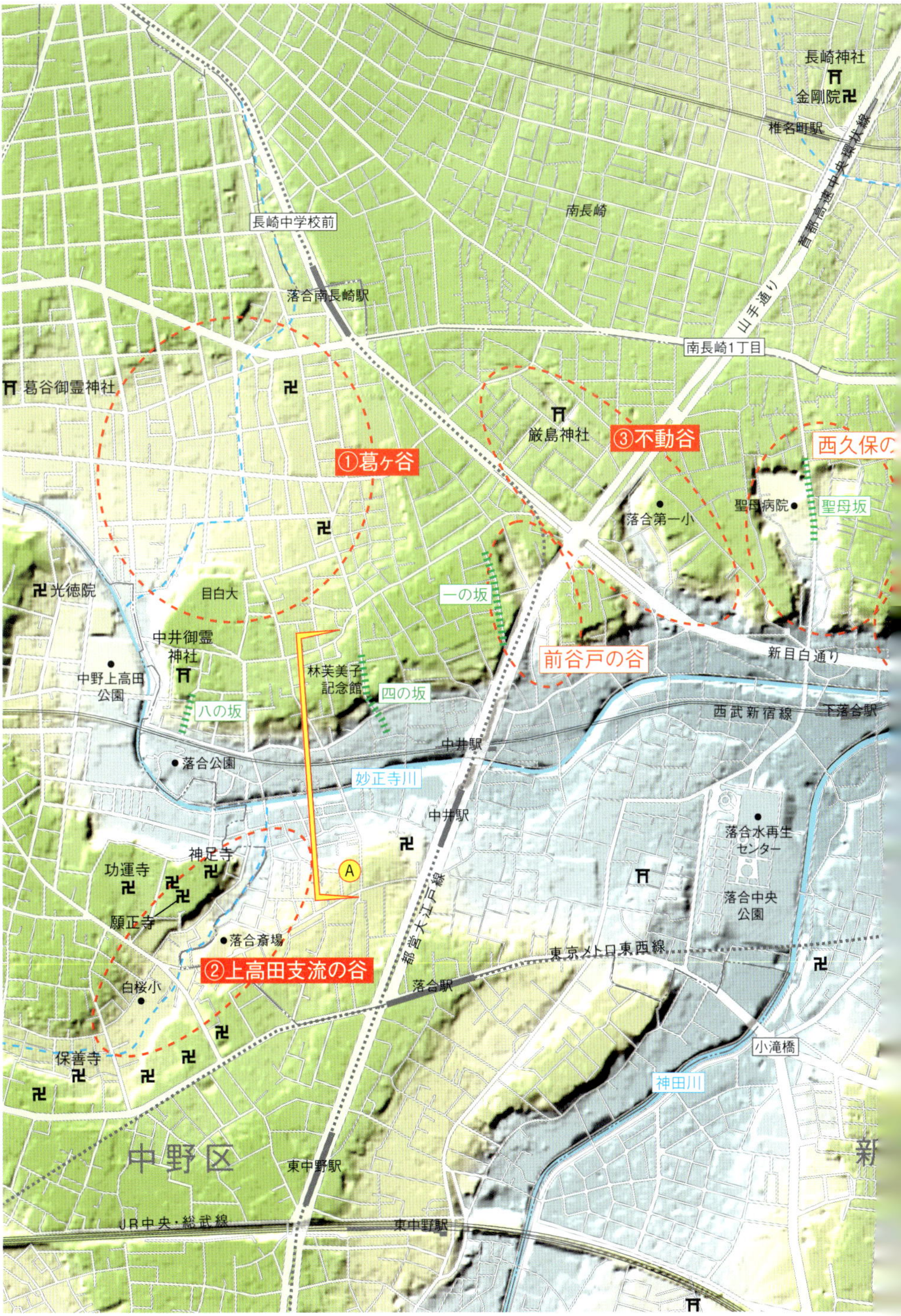
長崎神社
金剛院
椎名町駅
首都高速中央環状線
南長崎
長崎中学校前
落合南長崎駅
山手通り
南長崎1丁目
葛谷御霊神社
厳島神社
③不動谷
西久保の
①葛ヶ谷
聖母病院
聖母坂
落合第一小
光徳院
目白大
一の坂
中井御霊神社
前谷戸の谷
新目白通り
中野上高田公園
林芙美子記念館
四の坂
八の坂
西武新宿線
下落合駅
中井駅
落合公園
妙正寺川
中井駅
落合水再生センター
神足寺
功運寺
A
都営大江戸線
落合中央公園
願正寺
落合斎場
東京メトロ東西線
②上高田支流の谷
白桜小
落合駅
小滝橋
保善寺
神田川
中野区
東中野駅
新
JR中央・総武線
東中野駅

落合とは、神田川と妙正寺川《みょうしょうじがわ》の2つの河川が落ち合う場所を指す地名で、元々は氾濫原に水田の広がる農村地帯であった。都市化に伴う宅地化が進んでからは、川の合流地点ゆえ、大雨のたび出水の常襲地帯となり、その対策として一時的な貯水（遊水）機能を地下に有する人工地盤の公園（中野上高田公園・落合公園）や、放水路（高田馬場分水路）が新設された。地名の由来ともなった落ち合う川の1つ妙正寺川は、今は神田川から分けられた高田馬場分水路とともに暗渠となって、神田川本流とはこの場所で落ち合うことなく新目白通り下を流れ、高戸橋付近で合流している。

落合に限らず、河川氾濫原でもある肥沃な沖積地の土壌は、古代から豊かな稲作文化を育んできた。沖積地の代表的土地利用形態であった水田は、遊水と浸透の機能を持つ為、降雨量の多いアジアモンスーン地域の低湿地には相応しい土地利用とも言える。川の流れとは本来、「氾濫原」の言葉が示す通り定まらないものなのだ。都市化が進んでからの沖積地では、稲作のほか、製紙、染色、製粉などの産業が川の恩恵で育まれていた。今では河川は都市生活から遠ざけられているが、水辺を活かした生活が営まれていた時代もあったのだ。

さて、妙正寺川を見下ろす南向き斜面の崖を、この辺りでは「バッケ」とか「パッケ」と呼ぶが、これは国分寺崖線の「ハケ」と同じ意味である。この辺りのバッケでは今でも多くの湧水が見ら

Ⓐ 落合の谷（SL：13.9m）

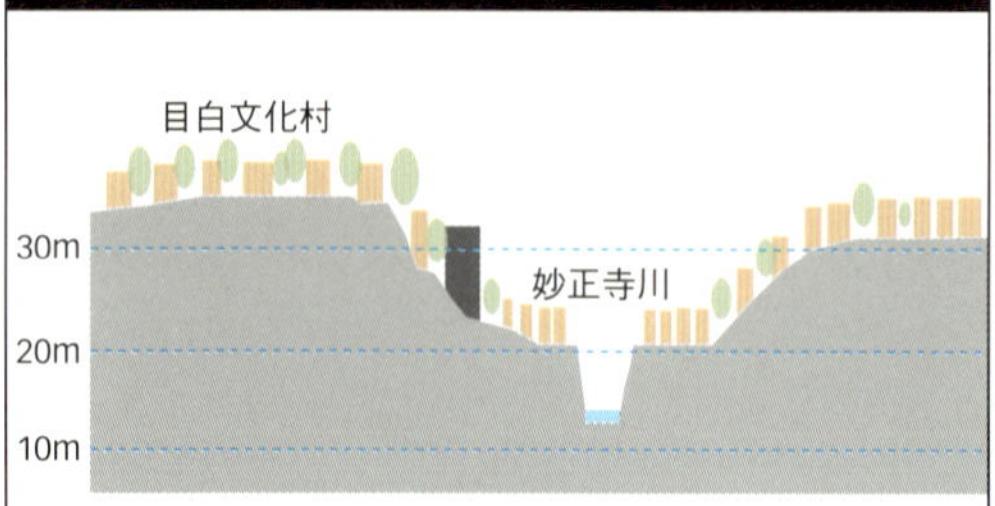

妙正寺川水系／三級スリバチ

れ、国分寺崖線と同様に、崖と窪地の見どころが多く連なっている。

一方、バッケの上の段丘面は、南に展望が開けた閑静な住宅地となっている。この辺りは、関東大震災で被害の大きかった下町の人々や、地方から東京へやってきた新市民が住宅を構えた場所である。当時は大正

四の坂を見下ろす　階段の右側が林芙美子記念館（新宿区中井2丁目）

落合公園（妙正寺川調整池）　妙正寺川が増水すると落合公園下の貯水池に一時的に水を蓄えるしくみになっている（新宿区中井2丁目）

デモクラシーの高揚を背景とした生活の洋風化や合理化のブームがあり、和風住宅に洋風の応接間を付けた「文化住宅」と呼ばれたモダンな住宅もこの界隈で散見される。また、箱根土地株式会社（西武の前身）が売り出した「目白文化村」と呼ばれた分譲住宅地も点在しており、当時の山の手住宅文化の片鱗を垣間見ることができる。

また、この台地面の宅地開発は第二次大戦後と比較的遅かったため、多くの遺跡が発掘された。落合遺跡とも呼ばれるこの一帯では、無土器文化の古い時代から、縄文、弥生と1万年単位の複合遺跡が確認されている。

なお、妙正寺川の低地へと下りる坂道には一から八の名が付けられ、四の坂途中には『放浪記』や『浮雲』で知られる作家の林芙美子が生涯を閉じるまでの26年間住んだ家が、「林芙美子記念館」として公開されている。

① 葛が谷

西落合の旧村名である「葛が谷」の由来は、植物の葛が生えている谷地だったとするのが一般的な説だ。谷という

林芙美子記念館にて　書斎から妙正寺川崖線の緑を眺める（新宿区中井2丁目）

目白文化村の痕跡　自然石でできた塀と側溝が目白文化村と呼ばれた住宅地の名残（新宿区中落合4丁目）

よりも広い盆地状の低地で、宅地化される前は妙正寺川の流域とともに豊かな水田地帯だった。葛ヶ谷村分水と呼ばれた川が盆地の中を流れ、谷頭近くの千川用水から補水を受け、灌漑用水として水田を潤していた。現在の新宿区と豊島区の区境がその流路跡だ。盆地を見下ろす両側の台地突端には葛谷御霊神社と中井御霊神社が祀られ、葛ヶ谷のスリバチを両側から見下ろしている。

② 上高田支流の谷

妙正寺川の右岸、神足寺や願正寺が建立されている高台の足元に、細い路地状の川跡が残されている。この流路は新宿区と中野区の区界を成し、落合斎場の敷地を貫通し、その場所では小さな橋が暗渠路を跨いでいる。落合斎場の起源は江戸時代にこの地にあった法界寺荼毘所で、都市施設としての斎場（荼毘所）が谷戸に立地する典型例と言える。他にも桐ヶ谷斎場や狼谷の代々旗斎場、古くは千日谷や我善坊谷など、谷戸の斎場の例は多い。寺院の墓地は谷間や窪地で多く観察できるが、東京スリバチ学会ではこう

上高田支流の谷　保善寺境内から上高田支流の谷を俯瞰する（中野区上高田1丁目）

葛が谷の暗渠路　葛が谷を流れた水路跡の道（新宿区中落合4丁目・西落合2丁目）

した谷間の墓地を「クボチ」または「スリボチ」と呼んでいる。

この上高田支流の水路跡を上流へと辿ると、保善寺下で墓地の石材をリユースした石積みの擁壁に遭遇する。まるで古代遺跡のように風化が進んだ石の彫刻群との出会いは、スリバチ探検の昂揚感を煽るに十分すぎる演出だ。アンコールワットやボルブドゥールなどの忘れ去られた遺跡を密林の奥地に発見したような気分に浸れるからだ。

③ 不動谷

新宿区中落合3丁目に、地形図では表現しにくい小さな窪地が存在している。住宅地に残されたこの窪地は、4方向を丘で囲まれた一級スリバチなのである。元々は落合第一小学校裏の谷と連続する天然の谷戸だったようだが、山手通りの建設と目白文化村造成の際、谷の出口側が塞がれ、現在のような不思議な地形となったらしい。明治時代、この辺りの字名は「不動

不動谷の一級スリバチ　住宅地に突然現れる向かい合う階段が不動谷の存在を知らせてくれる（新宿区中落合3丁目）

遺跡のような石積み　暗渠探索で唐突に出会う、彫刻の施された石積み擁壁（中野区上高田1丁目）

谷」で、由来の不動を見つけることはできないが、弁天池と呼ばれた小さな池が谷頭にあったらしく、厳島神社がその生き証人のように住宅地の一角にポツンと取り残されている。

④ 野鳥の森公園の窪地

目白台の急峻な南向き崖線は、薬王院（東長谷寺）と野鳥の森公園がある辺りで若干の窪みを持ち、奥行きの浅い二級スリバチ地形を形成している。斜面が木々で覆われた野鳥の森公園は、かつての農家の庭の一部で、崖下では湧水も確認できる。一方、薬王院は奈良の長谷寺の末寺で、東長谷寺とも呼ばれ、谷戸に立地する寺院の典型だ。斜面を活かした広大な庭園には、本山の長谷寺から牡丹が移植され、4月下旬の開花の頃には見物客で賑わう。薬王院脇には、台地と低地の高低差を一気に結ぶ名の無い階段があり、神田川の低地を一望できる。

薬王院横の階段　崖線を一気に下る名の無い階段（新宿区下落合4丁目）

野鳥の森公園　野鳥の森公園では崖下からの湧水を溜めた池が残る（新宿区下落合4丁目）

Ⓑ 丸山谷・おとめ山公園の窪地（SL:7.0m）

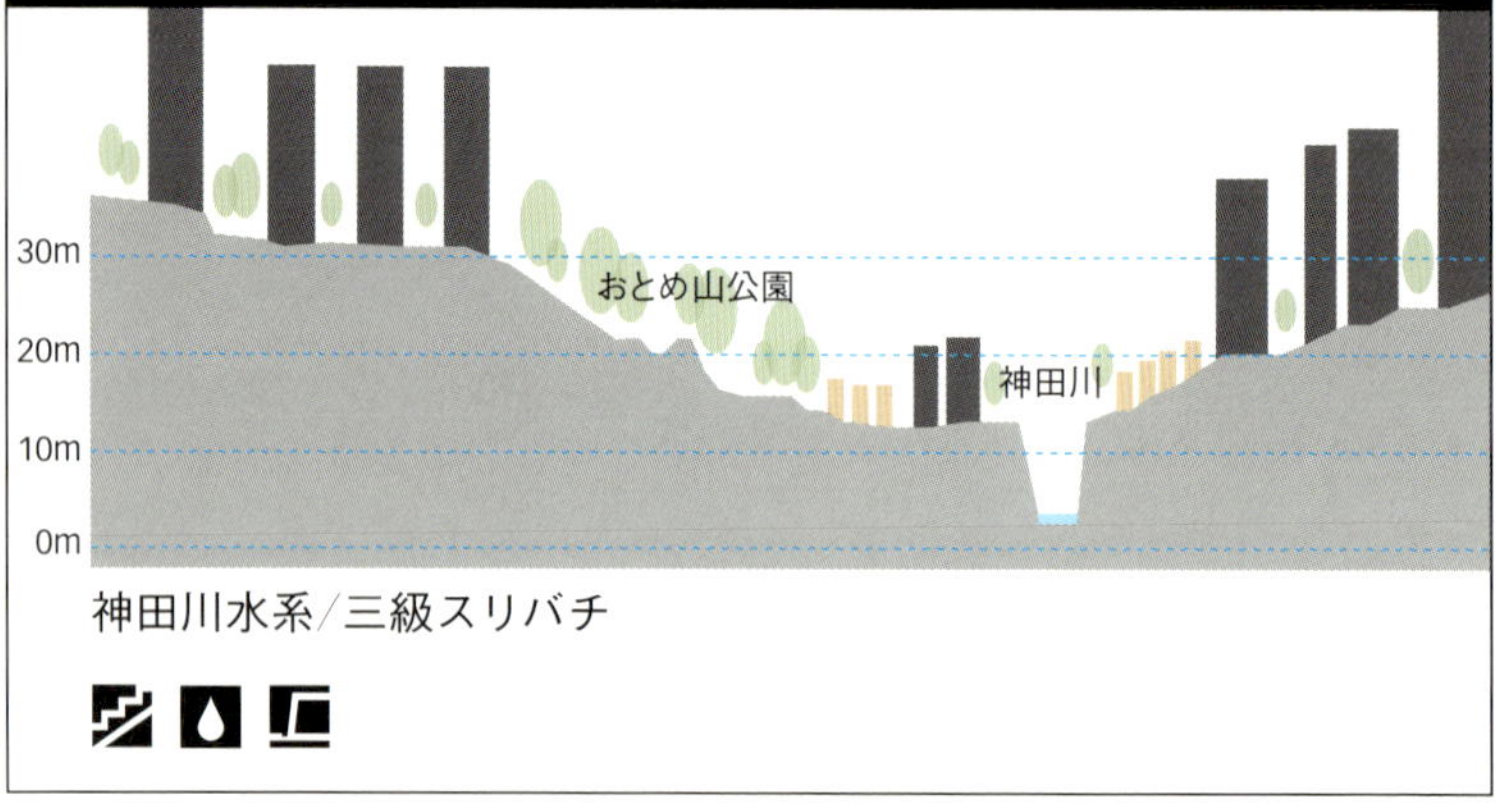

⑤ おとめ山公園の窪地

おとめ山公園のある一帯は江戸時代、将軍の鷹狩りの地で、庶民は立ち入りが禁止されていたことから「御留山《おとめやま》」の名が付けられたものだ。明治以降は相馬家の屋敷となり、太平洋戦争の頃に土地は分割売却されたが、谷戸の庭園だけは地元から起こった保存運動によって救われ、1969年（昭和44）に新宿区立おとめ山公園として開園した。

おとめ山公園は2つの河谷をその園内に取り込み、典型的な公園系スリバチのしっとりとした風情が味わえる。1つは、北から続く長い河谷で、その端部にあるのが東園にある弁天池だ。もう1つは東山藤稲荷神社の麓にある渓谷状の谷で、西園と呼ばれ、上の池・下の池と呼ばれる谷戸の池には豊島台から湧き出た水が流れ込んでいる。谷頭最深部は「泉の広場」として整備されているため、湧き続ける水源を間近に見ることも可能だ。

⑥ 丸山谷

さいごに、元々おとめ山公園へと続いていた細長い河谷の上流部

丸山谷の窪地　丸山谷と呼ばれた小さな窪地にはかつて池があったが、現在は住宅地となっている（新宿区下落合3丁目）

おとめ山公園　おとめ山公園の谷頭では、今も水が湧き出る現役の湧水源がある（新宿区下落合2丁目）

にも注目しておきたい。反対側まで50mにも満たない局所的な二級スリバチ地形は丸山谷と呼ばれ、谷頭にはかつて池があり、「林泉園」と名付けられた庭園の一部であった。現在はマンションが立ち並び、住宅地の中に土地の起伏は隠れているが、直角に折れ曲がり、おとめ山公園まで南下するその不思議な地形は歩いてこそ分かる。谷を認識しづらいのは、財務省官舎（旧大蔵省官舎）建設に伴う造成で谷筋の途中が埋められ、おとめ山公園との連続性が断ち切られているためだ。現在は官舎の敷地も公園に加え、おとめ山公園を拡張する工事が進んでいる。

　神田川を南に望む谷壁斜面は、切土・盛土によって人工的に改変された土地も一部はあるが、保全された自然斜面とまとまった緑地もそれなりに点在していることが分かる。そして保全に至る過程で、地元を愛する住民の意識と活動が介在していた経緯も知らされるのである。

地形と建築

五十嵐太郎

東日本大震災は、地形がもっている潜在力を否応なく痛感させることになった。20世紀に人工的な現代都市がつくられようとも、水は場所の記憶をもっているかのように、かつての海岸線や津波到達ラインにまで侵入する。そして普段は海の幸をもたらすリアス式海岸は津波の威力を増幅させた。筆者が監修をつとめた「3・11——東日本大震災の直後、建築家はどう対応したか」展（2012年から3年間世界各地を巡回）でも、海外の人にこうした環境を理解してもらうために、気仙沼と女川の地形模型を制作することにした。液状化現象が起きたエリアは、かつて沼地だったことがわかり、震災後に古地図を求める人が増えたという。巨大な防潮堤をつくる動きもあるが、建築家の宮本佳明は瓦礫を利用し、津波の威力を弱めるべく、砂嘴状の地形をつくるプロジェクト「鵜住居川河口堆積体」を発表している。彼は著作『環境ノイズを読み、風景をつくる。』（彰国社、2007年）で「環境ノイズエレメント」の概念を提唱したように、地形や土木スケールの環境がもたらす建築への影響に敏感な建築家だ。それは彼の山登りの経験や、六甲山地など、急傾斜が多い宝塚に拠点を置くことも無関係ではないだろう。

宮本が名古屋で手がけたbird houseも、地形と応答する住宅だ。30度をこえる急傾斜とケーキの切れ端のような細長い三角形の敷地。しかし、土地を征服せず、

図1　bird house

いがらし・たろう／1967年、パリ生まれ。建築史・建築批評家。東北大学大学院教授。せんだいスクール・オブ・デザイン教員兼任。あいちトリエンナーレ2013芸術監督。

むしろ地形に寄り添うように、小さなヴォリュームを両サイドに分散配置し、それらをジグザグの屋外スロープでつなぐ。堀削の工事は最小限とし、スパイクのように斜面を踏みしめる住宅である。一方、東京新宿区のハウス&アトリエ・ワンは、アトリエ・ワンの自邸兼オフィスだが、これ自体は地形をテーマにした設計ではない。しかし、立地が東京のスリバチを意識させるものだった。住宅街から奥に引き込む狭い道の突き当たりに、この家はある。ところが、内部に入って上階に登ると、エントランス周辺から想像できない程、横の窓からの眺めが良い。南側に対しては高台になっている地形になっているからだ。確かに、東京で個人住宅を見学すると、ときどきこうした体験に遭遇する。スリバチゆえの現象だろう。

1990年代以降、コンピュータを用いたデザインが増えるなかで、複雑なかたちが可能となり、地形のような建築も登場するようになった。例えば、foaによる横浜港大さん橋国際客船ターミナルである。とくに屋上は、ランドスケープのような空間だ。シーラカンスによる真如苑の聖地プロジェクトMURAYAMAも、建物よりも先にまず風景として残る地形をつくろうとするものだ。これはフラットな場所に、人工的な地形をつくる試みといえよう。一方で、東京のスリバチ地形に対応しながら建築がつくられる街の風景も楽しい。例えば、渋谷だ。渋谷109は銀のシリンダーという造形もさることながら、二つの下り坂が交差する三角形の敷地であることでより大きなインパクトを与えている。北川原温によるシネマライズ(1986)や鈴木エドワードによる宇田川交番(1985)などのポストモダン建築、渋谷マークシティ(2000)や菊竹清訓による西武渋谷店ロフト店(1978)は、単に彫刻的なオブジェとして見るのではなく、地形や場所との関係を読みときながら、空間を体験するのがおススメだ。2012年にオープンした渋谷ヒカリエは、一見スリバチとは関係なさそうな高層ビルである。だが、異なるハコを積んだ外観が示すように、それぞれの高さから見える街の風景を意識した建築だ。足元では地形との絡みはないが、スリバチの低い所から、すくっと高層でたっていることで、こうした関係性をつくりだしている。

図2 横浜港大さん橋国際客船ターミナル（いずれも筆者撮影）

たどりつける谷 中目黒

Nakameguro

スリバチエリア
坂
川跡・暗渠
旧用水路
神社・寺
断面位置をあらわす

[標高]

0m 5m 10m 15m 20m 25m 30m 35m

N

0 100 200 500m

東急田園都市線
首都高速3号渋谷線
大橋JCT
池尻大橋駅
玉川通り
池尻
池尻稲荷神社
東山貝塚公園
菅刈公園
西郷山公園
旧山手通り
上村坂
青葉台1丁目
目黒川
旧朝倉家住
目切
防衛省技術研究本部
自衛隊中央病院
世田谷公園
③蛇崩川の谷
中目黒駅
B
烏森稲荷神社
蛇崩川
目黒銀座
半兵衛坂
稲荷坂
目黒区総合庁
東急東横線
④天祖神社裏の窪
謡坂
天祖神社
世田谷区
伊勢脇公園
中目黒八幡
蛇崩川支流
⑤蛇崩川支流の谷
祐天寺駅
駒沢通り
祐天寺
祐天寺2
谷戸
三宿通り
五本木小
守屋図書館
目黒区
三角山公園
②谷戸前川の
五本木
中町通り

淀橋台と目黒台の狭間を流れる目黒川、その中流域にある中目黒駅周辺も今ではすっかり市街化され、高層ビルの立ち並ぶ繁華街が続いているが、かつては豊かな水田が広がる低湿地で、川岸には水車が点在し精米や製粉・雑穀加工が行われていた。明治の中期頃からは、水車の動力を薬種の精製やガラス磨きなどに活かす中小の工場が多く立地したが、大正の末期には動力源を電気などへ譲り、水車は姿を消していった。

目黒川は上げ潮の際、舟行に便するよう拡幅され、中目黒駅からほど近い田楽橋先に荷揚げをするための船入場（舟溜）が設けられた。しかし、舟が遡ってくることはほとんどなかったようで、かつてその場所には「川の資料館」がつくられ、自分たちのような水系萌えを呼び寄せていた。

この目黒川に、目黒台から流れ出た複数の河川が複雑な谷を削って合流している。それらの目黒川支流は、北から蛇崩川《じゃくずれがわ》、谷戸前川《やとまえがわ》、羅漢寺川《らかんじがわ》と呼ばれ、河谷と台地面が奏でる豊かな起伏が山の手の閑静な住宅街を育んだ。一方、中目黒駅周辺は地形的に「ミニ渋谷」とも呼べる窪地性状

右＝**目黒川の舟溜**　目黒川の船入場は公園と地下貯水池に整備されている（目黒区中目黒3丁目）／左＝**沖積地の町かど**　目黒川と蛇崩川が落ち合う沖積地は、路地に個性的なショップが点在する（目黒区上目黒3丁目）

を持ち、渋谷が至近の丘に松濤や神山町などの高級住宅地を従えているように、中目黒駅の周りも代官山や諏訪山など静かな高級住宅地が囲んでいる。蛇崩川が目黒川に合流する沖積地、中目黒駅周辺は、路地裏の古い木造住宅などが個人経営のショップやカフェにリノベートされていて、ぶらぶらと散策するのも楽しいエリアである。ここでは、目黒川・蛇崩川・谷戸前川の川筋に注目し、都市の魅力を深めている谷地形を紹介したい（羅漢寺川は前作の「碑文谷」の章をご参照のこと）。

① 目黒川の谷

まずは、目黒川のつくったおおらかな谷を俯瞰しておきたい。この地図の範囲では南東に向かって流れる目黒川を挟んで両側の斜面が非対称谷となっている。すなわち、南向き斜面が断崖状となっているのに対し、向かい合う北向き斜面はなだらかな性状を示す。その原因については、前作「雑司が谷」の章で触れたように、日当たりの違いに起因する風化作用の速度差による「霜柱学説」と、武蔵野台地のプレート全体が傾いて沈降し、川が北側へ平行移動する「地殻変動説」とがある。

中目黒周辺では谷の性状に限らず、入り込む支谷にもはっきりとした違いがある。北向き斜面には湾曲した支谷が分岐しているのに対し、南向き斜面に入り込む谷筋はなく、崖からほど近くに尾根筋がはしり、そこを三田用水が辿っている。つまり支谷はどれも大まかに見れば北東方向へと流れていて、プレート自体の傾きに起因するようにも見える。

さて、南西に開けた断崖状の斜面は眺望に恵まれ、富士山を眺めるには絶好の地であった。現在西郷山公園となっている辺りの丘に目黒元不二と呼ばれた富士塚が、中目黒２丁目の別所坂近くに新富士と呼ばれた富士塚があった。富士塚とは、霊峰富士山へ登る疑似体験・信仰のために富士講の人々によって江戸の各地に築かれたものだ。富士山で修行を積んだ修験者達が富士講を結び、人々を富士山へ先導していたが、富士塚は富士山に登りたくても登れない人たちのための富士登山のテーマパークのようなものであった。

この南向き崖線は、西郷山公園や菅刈公園の敷地として整備され、斜面は緑地として保全されている。どちらの公園も元々は豊後の岡藩主中川家の抱え屋敷で、斜面は回遊式庭園の滝や池に活かされていた。明治になって、西郷隆盛の弟、西郷従道の邸宅となったため、この一帯は西郷山と呼ばれるようになった。現在菅刈公園にある滝と池は、発掘調査を元に復元されたものである。

また、重要文化財に指定された旧朝倉家住宅内でも、崖線を活かした見事な回遊式庭園を見学できる。稜線に築かれた三田用水の水を園内に引き込み、滝もつくられていたという。現在は水の流れはないが、庭園内にその痕跡を見ることができる。

なお、立ち入りはできないが、現在の防衛省艦艇装備研究所の敷地は、千代ヶ先と呼ばれた眺望のよい台地で、かつては九州島原藩主松平主殿侯の下屋敷があった場所である。屋敷は「絶景館」と名

菅刈公園　菅刈公園では、かつての回遊式庭園の一部が復元された（目黒区青葉台2丁目）

新富士跡より目黒川の谷を望む　別所坂を上り切った右手の高台には新富士と呼ばれた富士塚があった。現在はマンション敷地の一角として日中開放され、目黒川の谷を望める（目黒区中目黒2丁目）

付けられ、湧き出た水が何段にも折れる滝となって池に落ちていたという。

一方、支谷の多い北向きの谷壁斜面においては、東山貝塚公園や中目黒八幡神社の境内で、現在でも僅かながら湧水を確認できる。

② 谷戸前川の谷

谷戸前川は耕地川とも呼ばれ、水源は祐天寺南（小字名「谷戸前」）付近の旧目黒区立第6中学校（中央町2丁目）一帯の湧水とされる。祐天寺下で祐天寺2丁目交差点辺りから発する支流を合わせ、目黒区民センター公園（目黒2丁目）付近で目黒川に合流する。谷戸前川が目黒川低地に出る岬状の台地の際に、平安時代の創建とされ、古江戸九社にも数えられる古刹・大鳥神社がある。

蛇崩川と谷戸前川の分水嶺にあたる丘にあるのは祐天寺で、1718年（享保3）創建の比較的新しい寺院だ。八代将軍吉宗の時代に建立の許可が下りて「明顕山《みょうけんざん》祐天寺《ゆうてんじ》」の寺号が授与され、以来将軍家の庇護を受け、徳川家とゆかりのある寺として栄えてきた。

さて、住宅地の中を流れていた谷戸前川の川跡では、様々な暗渠風景が展開され、暗渠巡りの格好の入門コースになっている。例え

中目黒八幡神社脇の湧水　神社参道脇の崖下では今でも湧水が見られる（目黒区中目黒3丁目）

旧朝倉家住宅　旧朝倉家住宅では、淀橋台南斜面の崖地も味わいたい（目黒区青葉台1丁目・渋谷区猿楽町）

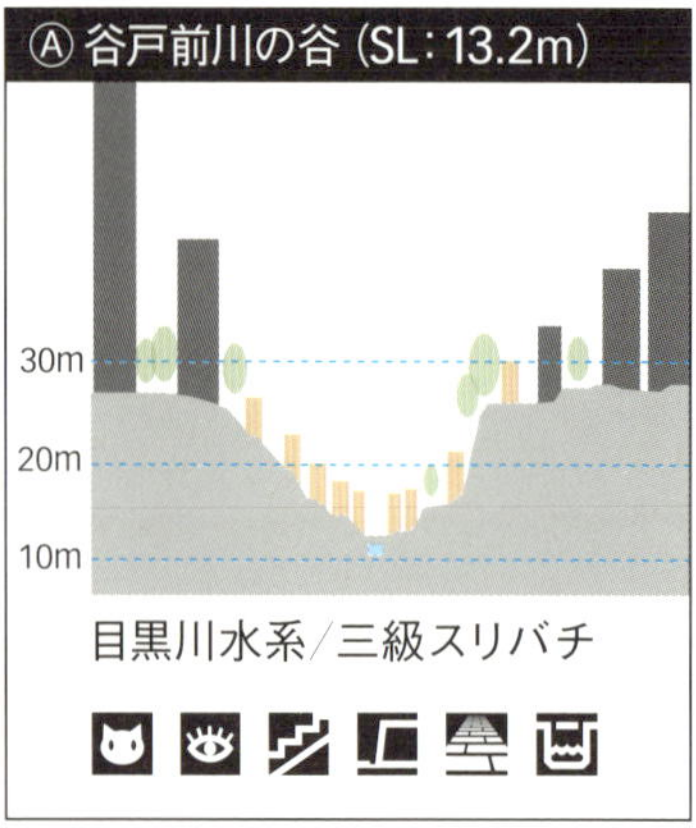

歩車分離の暗渠路　車道と決別する広い歩道部分が谷戸前川の暗渠（目黒区中目黒5丁目）

谷戸前川の暗渠路　谷戸前川の暗渠路は歩きやすく雰囲気もいい（目黒区目黒3丁目）

谷戸前川の谷を望む　十七が坂から谷戸前川の河谷を望む（目黒区目黒3丁目）

蛇崩川緑道　蛇崩川緑道右手は、諏訪山と呼ばれる高級住宅地（目黒区上目黒3丁目）

ば、大塚山公園下ではいかにも暗渠らしい潤いのある小路がくねくねと続き、中目黒5丁目辺りでは、車道と同じ幅を持つ歩道が川跡の名残を伝えてくれる。祐天寺下で流れは2筋に分かれるが、一方は、駒沢通りの祐天寺2丁目交差点まで幅の細い暗渠道が続く。訪問者にとっては心細い暗渠路も、地元住民にとってはかけがえのない生活道路として活かされている。もう一方の流れは、三角山公園下の中町通り辺りが流路と思われ、中町2丁目を過ぎて、谷頭は駒沢通り際まで遡れる。中町通り周辺は区画が整備され、良好な住宅地の中にかつての流路は見出しづらいが、これも山の手沖積地の典型的な風景の1つだ。

③ 蛇崩川の谷

蛇崩川は世田谷区弦巻一帯の窪地から湧き出た湧水を水源とする。水源近くの馬事公苑横には品川用水が流れていたため、1669年（寛文9）には分水も築かれたようだ。

蛇崩の名は、蛇行屈折した川の状態から蛇崩の文字を当てたとも、深く侵食された砂礫の露出が見られることから、砂崩《さくずれ》が変化したとも言われている。

蛇崩川の流路跡は緑道として整備され、比較的辿りやすい。目黒区上目黒4丁目付近では祐天寺方面から流れてきた支流と合流し、こちらも「蛇崩川支流緑道」として整備され、上流付近まで辿ることができる。

蛇崩川は中目黒駅の南で目黒川と合流し、広い沖積地をつくっている。低地の際まで迫る急峻な丘は諏訪山と呼ばれ、山の手の高級住宅地としても名高い。諏訪山崖下にある烏森稲荷神社では、手水舎に設けられたユーモラスな狐の口から今でもコンコンと清水が湧き出ている。

低地に広がる中目黒の町は、大人な雰囲気の料理屋や物販店が点在し、都心からの微妙な距離感が独特の雰囲気を醸し出す、典型的な山の手の谷町だ。蛇崩川の流路近くには目黒銀座と呼ばれる地元密着型のローカル商店街もある。この辺りは関東大震災後に生まれた商店街で、かつての地名「久保田」に因み、「新開地久保田通り」として目黒銀座の発展のもととなった。

さいごに、蛇崩川のつくった谷を高い位置から眺められ

烏森稲荷神社の湧水　狐の口からはコンコンと水が湧き出る（目黒区上目黒3丁目）

屋上からの河谷ビュー　目黒区総合庁舎の屋上からは蛇崩川のなだらかな河谷を一望できる（目黒区上目黒2丁目）

る絶景スポットを紹介したい。それは目黒区総合庁舎の屋上からの眺めで、うねる様な台地と、台地に群生するかのような家々による町並みが広がっている様子が一望できる。ちなみにこの建物は元々、建築家・村野藤吾の設計で建てられた生命保険会社の本社だったものだ。その保険会社が倒産し、建物が取り壊される危機もささやかれた折、目黒区が購入して区役所として活用しているのだ。

東京、そして日本では、歴史ある古い建物も簡単に取り壊される。老朽化や安全性という理由で、価値ある建物も簡単に建て替えられてしまうケースが多い。町を歩いて思うのは、町には人と同じように思い出が必要だということだ。個人が所有する建物も、町に存在した時から住民の記憶の一部となり、町の思い出を紡ぎ、そして財産となる。その積み重ねこそが町の豊かさとなる。

④ 天祖神社裏の窪地

駒沢通り沿いにある天祖神社裏の窪みを谷頭とする小さな谷筋がある。神社横にある伊勢脇公園からは、住宅が立

目黒銀座商店街　蛇崩川沖積地で賑わう目黒銀座商店街は、新開地久保田通りが起源。関東大震災以降特に賑わうようになった（目黒区上目黒2丁目）

端正な目黒区総合庁舎　建築家村野藤吾設計の名建築、千代田生命本社ビルを改修した目黒区総合庁舎（目黒区上目黒2丁目）

ち並ぶ小さな窪みと、遠く蛇崩川の谷を展望できる。ちなみに天祖神社の祭神は天皇家の祖先である天照大神《あまてらすおおみかみ》で、「伊勢」の名を控えて「天祖」としているが、公園の方は気にせず伊勢の名（伊勢脇公園）を使っている。

⑤ 蛇崩川支流の谷

五本木小学校辺りから発する蛇崩川支流と呼ばれる川筋は、蛇崩川支流緑道として整備されているため、暗渠マニアでなくても比較的辿りやすい。地元の住民も日常的に使っている暗渠路だ。

住宅地の暗渠路を歩いて気付くのは、そこが生活道として活用され、地元住民にとってはかけがえのない存在だということだ。一般的に水路跡や暗渠路は、車の侵入を許さず人の通行のみと制限をかけている場合がほとんどであり、それゆえ人や猫にとっては安心できる都会の聖域となっている。特に蛇崩川は、下流へと辿れば中目黒という谷町へと辿りつけるため、住民の利用も多い。そこには自動車主体の道路網とは異なる「系」が、確かに存在していることを知るのである。

右上＝**天祖神社**　古くから伊勢森と呼ばれ、境内には老樹も多い（目黒区上目黒2丁目）／右下＝**蛇崩川支流の暗渠路**　支流の谷頭は東急東横線の高架をくぐり、めぐろ歴史資料館付近まで辿れる（目黒区五本木1丁目）／左上＝**暗渠路をゆく**（**谷戸前川支流**）　車の入れない暗渠路は地元民にとってはかけがえのない生活の道となっている（目黒区中町2丁目）

洗足池

景勝地としての谷

Senzokuike

スリバチエリア
坂
川跡・暗渠
旧用水路
神社・寺
断面位置をあらわす

[標高]

0m
10m
15m
20m
25m
30m
35m

N

0　100　200　500m

目黒区
世田谷区
大田区
①大岡山児童遊園の窪地
②清水窪弁財天の谷
③洗足池周辺の谷
⑥呑川の谷
B
清水窪弁財天
環七通り
大岡山児童遊園
洗足駅
呑川支流
北千束五差路
東急目黒線
鶯坂
ひょうたん池
大岡山駅
九品仏川
緑が丘駅
東京工業大
北千束駅
稲荷坂
千束池公園
水生植物園
弁財天
千束八幡神社
勝海舟墓
洗足池
大音寺
洗足池駅
雪ヶ谷八幡
神社
石川台
石川台駅
宮前坂
中原街道
石川台希望ヶ丘商店街
雪見坂
荏原病院
呑川
雪が谷大塚駅

大田区南千束の洗足池とその周辺には、荏原台の段丘面に刻まれた、河谷の奏でる起伏豊かな住宅地が広がっている。この辺りの道路は直交するグリッド状なので、サンフランシスコの町並みのように谷を見通せるビューポイントも多い。迷路状の路地が入り組む都心の山の手住宅地とは一風異なる東京西郊の景観を育んだのは、呑川《のみかわ》とその支流が侵食した地形である。

まずは呑川本流の上流部について触れておきたい。呑川は、東急東横線都立大学駅から上流部で3つの流れに分かれる。本流とされる川筋（深沢川）は桜新町駅辺りが水源とされ、品川用水から取水した水路跡も残されている。2つ目の川筋（駒沢川）は、駒澤大学・駒沢オリンピック公園辺りが水源のようで、競技場の真ん中を横切る世田谷区と目黒区の境界線が元々の流路だったと思われる。3つ目の川筋は呑川柿の木坂支流と呼ばれ、世田谷区上馬3丁目の宗円寺付近までかつての流路を辿れる。流路の多くは遊歩道として整備されているため、閑静な住宅地の中を、のんびりと川跡探索・谷巡りを楽しめる。

右＝**大岡山・呑川の窪み**　大岡山駅南には谷間を見通せるビューポイントが多い（大田区北千束3丁目）／左＝**呑川緑道公園**　呑川は暗渠化され、清流が再現された親水公園に整備されている（大田区上池台2丁目・東雪谷1丁目）

本章では、呑川とその本流に合流する「洗足流れ」とも呼ばれる支流、さらにそこから分岐する流れが育んだ表情豊かな一帯を紹介してゆきたい。

① 大岡山児童遊園の窪地

大岡山児童遊園を谷頭とし、呑川までわずか300m足らずの湾曲した谷筋が台地に刻まれている。谷は小さいがその性状は深く険しく、谷底へと下りる生活道路の多くが階段となり、その急峻さを物語る。このような小さい支谷は地表の水流でできたものではなく、地下水の湧出による谷頭侵食によってできたものと考えられている。谷の底面には川筋と思われる湾曲した道路に、静かな住宅地が寄り添

Ⓐ 雪谷（SL：12.1m）

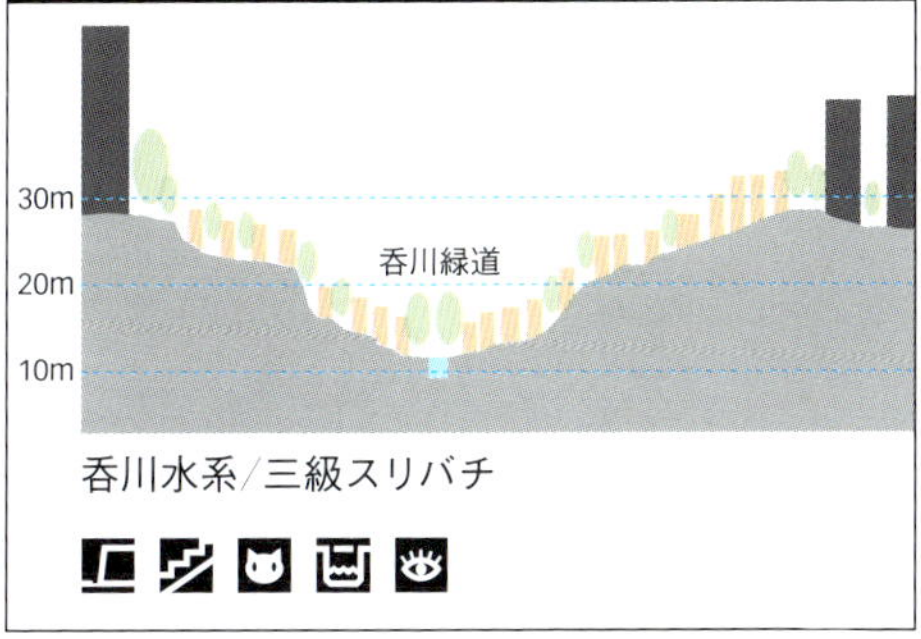

呑川水系／三級スリバチ

右＝**雪谷の町並み**　呑川が侵食した起伏は豊かな住宅地を育んできた（大田区上池台3丁目）／左＝**大岡山児童遊園下の窪地**　急峻な窪地へ下りる道の多くは階段となっている（目黒区大岡山1丁目）

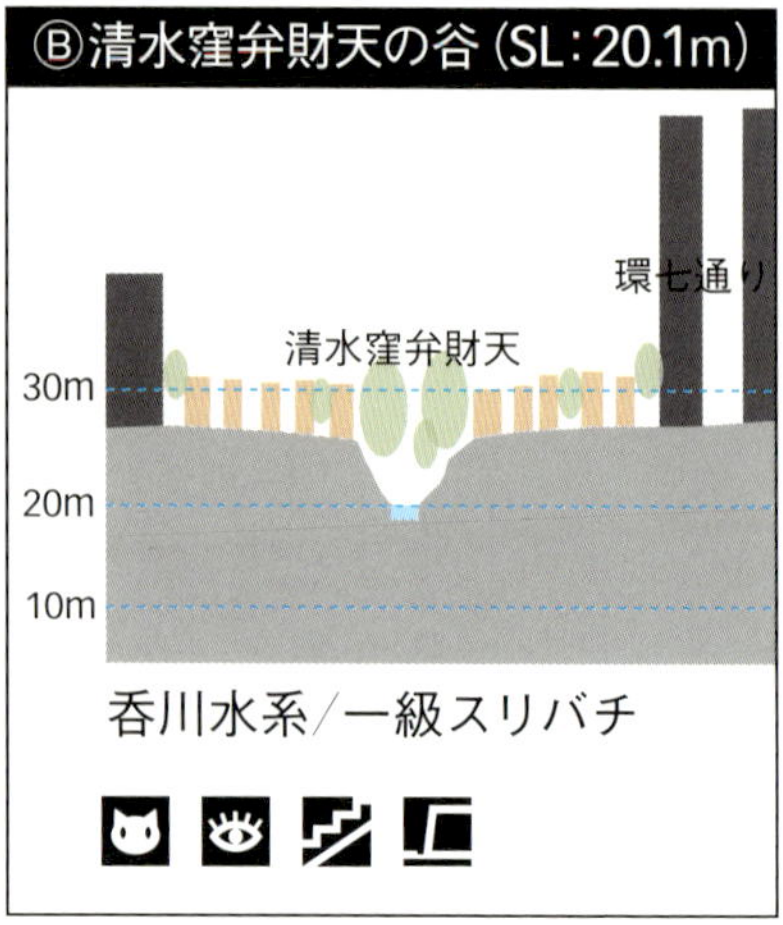

う。比較的緩やかな起伏の大岡山界隈においては、異彩を放つ断崖状の谷戸なのである。

②清水窪弁財天の谷

荏原台の台地が唐突にえぐられたような急峻な崖下には、水を湛える小さな池と、清水窪弁財天がその傍らに祀られている。石組から落下する滝の水は、現在は残念ながら地下水を循環利用しているものだが、元々は弁天堂の奥で湧出していた。谷の性状が大岡山児童公園のスリバチと類似しており、こちらも谷頭侵食によってできた支谷と考えられる。

流れ出た水は洗足池へ流れ、かつては水田を潤す灌漑用水として利用されていた。この谷筋は途中、東急目黒線の軌道が土手になって谷筋を塞いでいるため、清水窪弁財天周辺の谷戸地形は四方を崖で囲まれた一級スリバチでもある。

③洗足池周辺の谷

清水窪弁財天からの河谷の他、いくつかの谷筋が出会う窪地に洗足池は豊かな水面を湛えている。「洗足」の由来は、日蓮聖人が身《み》

右＝**谷頭の清水窪弁財天**　清水窪弁財天から湧き出た水は洗足池へと注いでいる（大田区北千束1丁目）／左＝**洗足池の畔から**　写真手前が池月橋で、その先が千束八幡神社の杜（大田区南千束2丁目）

延山《のぶさん》から常陸へ湯治に向かう途中、この池で足を洗ったことからというのが一説。また、池は本来「千束池」と書くらしく、灌漑に利用されて千束分の稲が免税されていたことが由来とする説もある。

　洗足池は4万平米にも及ぶ広大な湖面を誇り、ボート遊びもできる住民憩いの場となっている。呑川支流が流れ込む桜山下には弁財天社を祀る弁天島もあり、湖畔には日蓮や勝海舟、徳富蘇峰など、歴史上の人物にまつわる石碑も多い。

　洗足池の形状はアメーバの触手のようにいくつかの凸部を持つが、池の輪郭は大地の等高線そのものであり、凸形状はその先に河谷が存在する証である。池の上流側凸部の1つ、清水窪弁財天からの支流のつくった谷は、洗足池手前で北千束2丁目の環状7号線付近を谷頭とする谷と合流している。短い支流ではあるが、稲荷坂の道路脇にかつての流路が残されている。洗足池東側の凸部は、水生植物園辺りに流れ込む谷によるもので、この河谷は、環状7号線南千束交差点の「オリンピック」というショッピングセンターの裏を谷頭としているが、周辺は宅地化され、川の痕跡を見出すことはできない。池の西側凸部は、池月橋の袂に合流する小さな谷の存在を示し、谷の出会いを見下ろす丘に千束八幡神社が鎮座している。

右＝**洗足の小池**　小池を緩やかな丘が取り囲み、スリバチの底にあることが分かる（大田区上池台1丁目）／左＝**対峙する坂道**　鴻巣流れの谷を挟んで向かい合う坂（大田区上池台3・5丁目）

④ 小池の窪地

「千束の大池」と呼ばれた洗足池に対し、「小池」と呼ばれた池が洗足池の東方にある。谷戸の溜池風情の池だったが、近年の整備工事により、現在は区立小池公園として開放されている。元々は谷戸の湧水を溜めた灌漑用の池で、周辺が宅地化されてからは魚釣池とも呼ばれていた。小池の周りには高原の湖畔を想わせる、ゆったりとした住宅地が広がっている。池の下流側から谷頭方向を望むと、谷の傾斜地に住宅が階段状に張り付いている様子も分かる。

⑤ 蝉山下の谷

小池公園の南東には、上池台射水坂公園辺りを谷頭とする、ほぼ直線状の谷がある。荏原台の谷らしく高低差が大きい上、住宅地の道路が地形に軸線を合わせるように直交グリッドに築かれているため、対岸までを見通せる坂の絶景はここならではだ。谷越えの坂には、庄屋坂や鶴の巣坂など名が付けられ、上り下りは大変だが、丘に上ればスリバチビューも楽しめる開放的な住宅地が広がる。一方、谷筋には「鴻巣流れ」と呼ばれた水路がかつてはあったが、現在は

石川台希望ヶ丘商店街　呑川と並行する希望ヶ丘商店街。左岸の台地は石川台と呼ばれている（大田区東雪谷３丁目）

暗渠路が痕跡として谷底に残されているのみである。

⑥ 呑川の谷

さいごに呑川本流沿いの沖積地を取り上げておきたい。

呑川は東京工業大学の広大な敷地の中を暗渠で通過し、キャンパス内の沖積地にはひょうたん池という名の湧水池が残る。この辺りでは、水路跡が運動公園に整備され、地元住民にレクリエーションの場を提供している。また、東急大井町線緑が丘駅の南では、自由が丘方面から流れてきた九品仏川のつくった「未熟な谷」を合わせる。この合流地点から下流域は開渠となっていて、他の沖積地を流れる都市河川の現代的景観同様、垂直護岸の下を呑川が勢いよく流れている。

さらに南下し、東急池上線石川台駅より下流域では、低層住宅と町工場が混在する沖積平野ならではの風景が広がり、直線化された流路と並行するように、石川台希望ヶ丘商店街という地元密着型の商店街も賑わっている。商店街を見下ろす呑川左岸の丘が石川台で、崖の先端に祀られるのが雪ヶ谷八幡神社だ。

まっすぐな谷 戸越・大井

Togoshi & Ooi

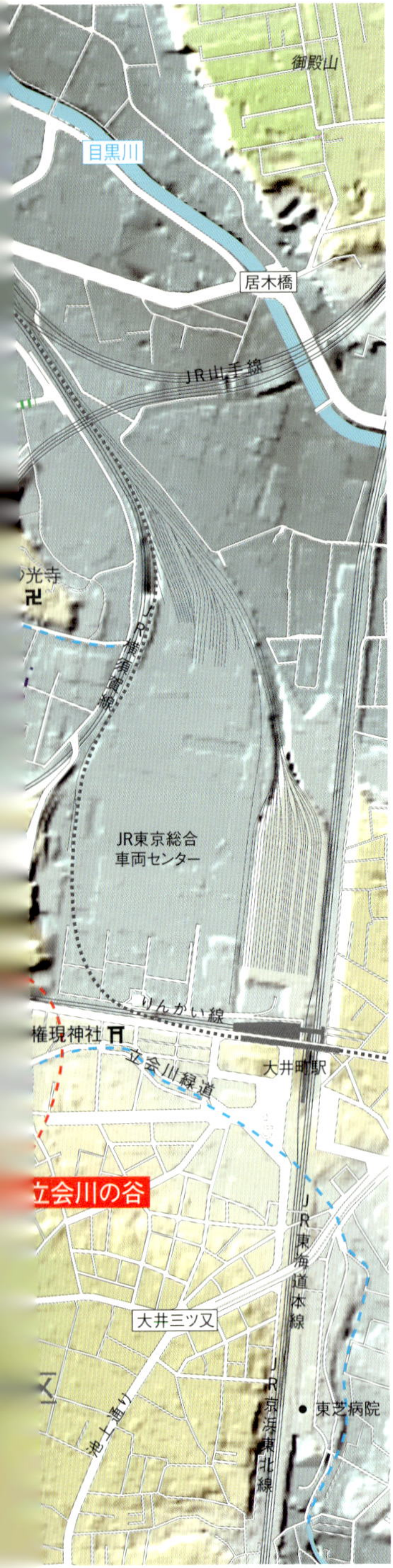

- スリバチエリア
- 坂
- 川跡・暗渠
- 旧用水路
- 神社・寺
- 断面位置をあらわす

[標高]

0m　5m　10m　15m　20m　25m　30m

N

0　100　200　500m

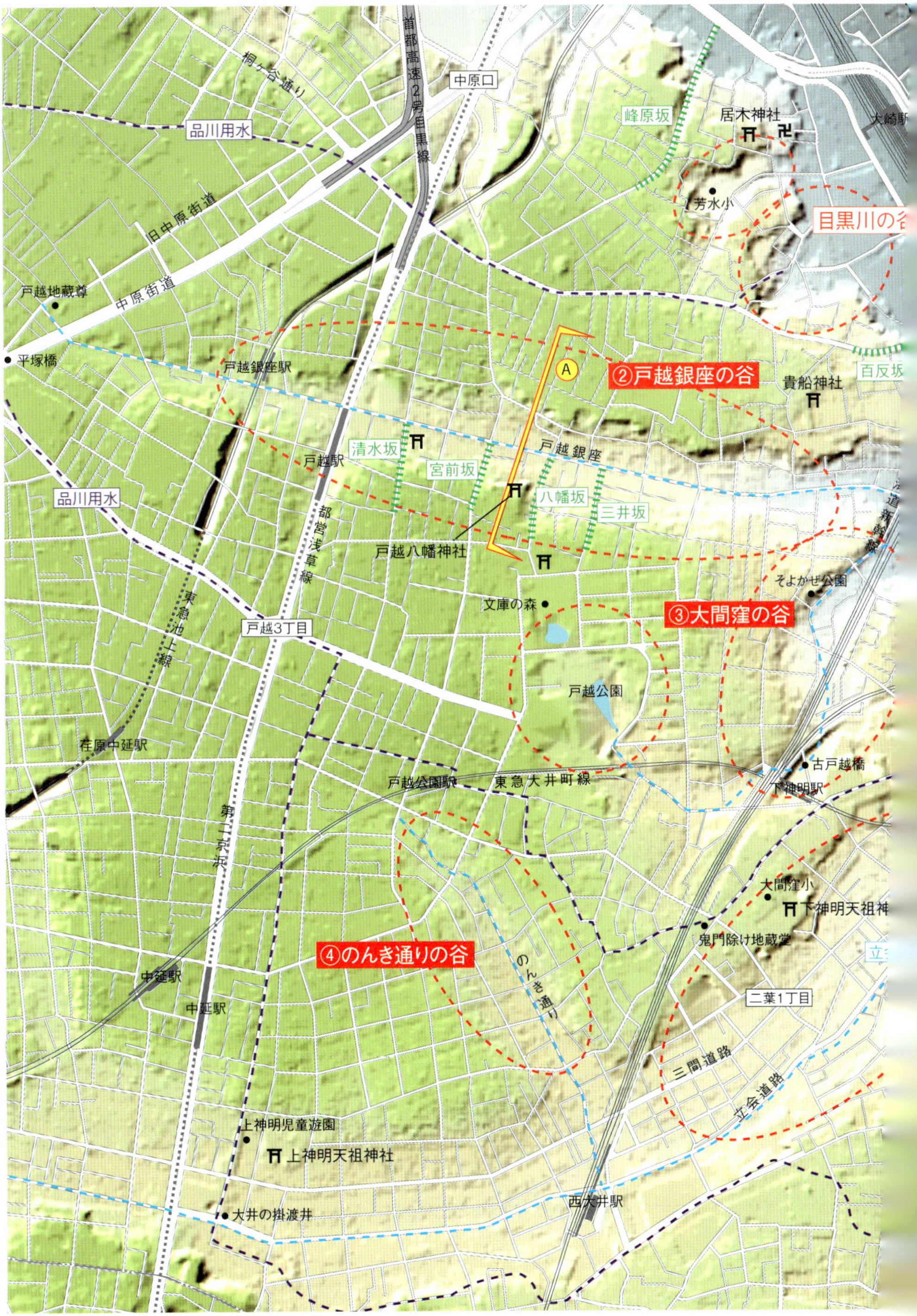
首都高速2号目黒線
中原口
桐ヶ谷通り
品川用水
峰原坂
居木神社
大崎駅
芳水小
目黒川の谷
旧中原街道
中原街道
戸越地蔵尊
平塚橋
戸越銀座駅
Ⓐ
②戸越銀座の谷
貴船神社
百反坂
清水坂
宮前坂
戸越駅
戸越銀座
八幡坂
三井坂
品川用水
戸越八幡神社
都営浅草線
そよかぜ公園
文庫の森
③大間窪の谷
東急池上線
戸越3丁目
戸越公園
在原中延駅
古戸越橋
戸越公園駅
東急大井町線
下神明駅
第二京浜
大間窪小
下神明天祖神
鬼門除け地蔵堂
④のんき通りの谷
のんき通り
中延駅
中延駅
二葉1丁目
三間道路
立会道路
上神明児童遊園
上神明天祖神社
大井の掛渡井
西大井駅

これまで紹介した川筋は、平坦な台地面を右へ左へと彷徨《さまよ》うように蛇行するものが多かった。しかしこの章で紹介する戸越銀座の谷は、他に類を見ないほど直線的である。そして戸越銀座商店街は、ほぼ河谷筋に沿った典型的な山の手の谷町商店街なのである。

「○○銀座」と呼ばれる商店街は全国で300を越え、町で一番活気ある商店街の代名詞として定着しているが、戸越銀座が日本で最初の「○○銀座」であることはあまり知られていない。それでは、誇り高き「銀座」の名を許された理由とはなんだったのだろうか。

道路が舗装される以前、戸越銀座周辺は、谷間ゆえ冠水に悩み、道路状況がとても悪かったという。商店街が悩みを抱えていたところ、関東大震災に罹災した中央区銀座の舗装替え工事により煉瓦敷きを撤去することになり、この煉瓦を譲り受けて道路の排水工事に活用することとなった。この縁で商店街設立にあたり「戸越銀座商店街」と命名されたもので、「○○銀座」ナンバーワンは、銀座の血を受け継ぐ正統なる理由があったのだ。そしてそこには谷地形ならではのエピソードが隠されていた。

さて、戸越銀座の直線的な谷をつくったのは立会川の一支流。至近には戸越公園周辺から発する河谷もあり、こちらはゆらゆらと彷徨うような谷筋なので、戸越銀座の特異な谷形状をより際立たせている。

一方、立会川の谷は広く緩やかで、流れ込む支流もなだらかな起伏をつくっている。立会川の谷間を巧みに避け、

戸越銀座商店街　どこまでもまっすぐな戸越銀座商店街（品川区戸越1・2丁目）

品川用水跡　品川用水の流路脇に鬼門除け地蔵堂がひっそりと残されている（品川区二葉２丁目）

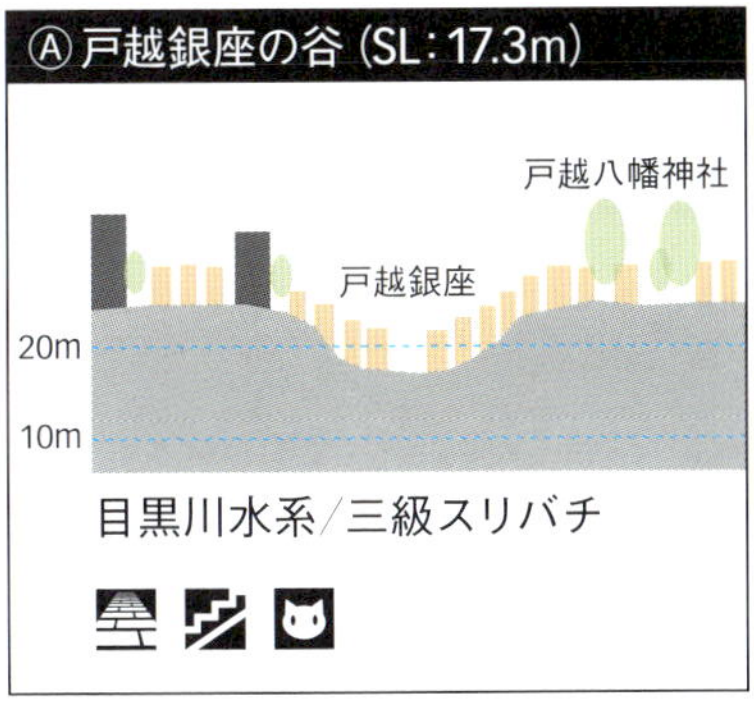

尾根筋を走る品川用水と、自然河川の絡みがこの辺りの地形的な見どころの１つだ。

その品川用水とは、玉川上水から境村（現・武蔵野市桜堤）で分水し、用賀や桜新町を経て、目黒台の東縁を潤し、南品川宿で目黒川に合流していた。品川用水は、干害に悩まされていた品川領２宿７村が幕府に願い出て、１６６９年（寛文９）に完成した農業用水路である。明治以降、市街化が進むにしたがって、田畑が減り、その役割は農業用水から工業用水を経て、排水路へと変わっていった。そして１９４８年に、２８０年に及ぶ歴史を閉じた。用水路の跡は、そのほとんどが道路や下水道として利用され、残る痕跡も僅かとなった。

① 立会川のなだらかな谷

目黒台と荏原台の境界部を流れる立会川、その沖積地にあたる比較的なだらかな一帯は、かつて蛇窪村《へびくぼむら》と呼ばれていた。「源平の戦の頃の兵備の窪地」を語源とする説もあるが、「蛇が多く住んでいた湿地」とする『新編武蔵風土記稿』の記述のほうが地形的にしっくりくるように思う。ただし、地元住民にとっては「蛇窪」の名は評判がよくなかったらしく、１９３２年に「神明」と改められている。

三間道路の町並み　立会川（立会道路）と並行する三間道路沿いには昭和を想わせる商店街が続く（品川区二葉2丁目）

立会川緑道　立会川は暗渠化され遊歩道となっている（品川区大井1丁目・二葉1丁目）

立会川の河谷を下流へと辿ると大井町駅に行き着く。その大井町駅は地形的な構成がちょうど渋谷駅に似た谷間のターミナル駅だ。大井町駅は山手線内から外れている為かマイナーな印象だが、戦前までは乗降客数で日本一を誇った堂々たるスリバチ駅なのだ。

立会川の川跡は大井蔵王権現神社より大井町駅側が立会川緑道に、それ以西は立会道路として整備されている。これと並行するように三間道路というレトロな個人商店が連なる通りもある。都内でよく出会う、山の手の沖積地に広がる地元密着型商店街の典型で、服飾店や履物屋など、昭和的な懐かしい町並みが続いている。

立会道路は第二京浜の手前で、品川用水跡と交差する。上神明児童遊園という細長い公園が谷越え用水路の名残で、周辺の住宅地より一段高いことが交差の証だ。立会川を南に望む目黒台の斜面には上神明天祖神社が建立され、境内の段差下には湿っぽいムード漂う弁財天が祀られている。

② 戸越銀座の谷

戸越銀座のある谷は、西から東へ直線状に続く長い谷で、都内でもきわめて珍しい形状だ。谷頭は旧中原街道沿いの供養塔群（荏原

右＝**戸越八幡神社**　戸越銀座の谷を上ると旧戸越村の鎮守・戸越八幡神社がある（品川区戸越2丁目）／左＝**古戸越橋の痕跡**　下神明駅の近くには古戸越橋がひっそりと残されている（品川区西品川1丁目）

2丁目）辺りまで遡れる。

目黒台が地形的に分類される武蔵野面の谷は、下末吉面の谷に比べ「支谷が少なく直線的」とされているが、同じ目黒台でも戸越公園から始まる谷は複雑に蛇行しているので、谷のキャラクターは一概には語れない。「戸越」の語源は「江戸越えて清水の上の成就庵ねがいの糸のとけぬ日はなし」という古歌の「江戸越」が一般的な説であるが、真相は定かでない。勝手な空想であるが、この辺りがまだのどかな畑地だった頃、平坦な目黒の台地に横たわる、大地の裂け目のような谷戸に驚き、「谷戸越」の歌が訛った、とするのはどうだろうか。

③ 大間窪の谷

戸越銀座のある直線状の谷の至近には、戸越公園から流れ出た川がつくったS字状の谷筋があり、一帯は大間窪と呼ばれていた。大間窪は「大間々窪」の意とされ、関東地方の方言で「間々」とは、土砂が崩れた地、あるいは崖地を指す。大間窪の字名は、大間窪小学校の名に残されている。

下神明駅を下車し、北へ続く坂道を下ってゆくと、谷底に大間窪を流れた川に架かる橋の欄干に出会える。親柱には「古戸越橋」の文字が風雨にさらされながらも辛うじて判読できる程度で残っている。

谷間を上流へと遡れば、鬱蒼とした緑に包まれた戸越公園に辿り着ける。その歴史は、1662年に肥後熊本藩主細川越中守が、品川領の戸越・蛇窪両村の入会地45000坪を拝領してつくった抱屋敷がはじまりで、細川家はここに東海道五十三次の風景を模した庭園をつくり、品川用水からも分水して池を築いたとされている。戸越公園は地元で「スリバチ公園」と呼ばれるが、確かに池の周囲が小高い丘になっており、そのネーミング感覚に敬意を表したい。園内に水音を響かせている滝は復元されたものだが、崖地の一部からは今でも湧水が見られるという。

なお、戸越公園の窪みはさらに北へと続き、大間窪の川は国文学研究資料館跡地が元々の谷頭と思われる。かつての敷地内には自然の趣の池があったが、現在は新たに「文庫の森」公園として整備され、スリバチ状の池にリニューアルされている。

のんき通り商店街　緩やかな谷間には、のんき通り商店街が続く（品川区豊町4・5丁目）

戸越公園　谷頭のスリバチ状の窪地に戸越公園はある（品川区豊町）

④ のんき通りの谷

山の手沖積地の商店街として、戸越銀座と三間道路を取り上げたが、このエリアにはもう1つ、地味ながらも印象的な谷筋の商店街がある。東急大井町線の戸越公園駅付近を谷頭とし、南下してJR西大井駅辺りで立会川と垂直に合流する川筋の商店街だ。「名もなき川」の谷筋商店街は地元でのんき通りと呼ばれて親しまれていた。過去形なのは、最近商店街の街灯が更新され、のんき通りの看板が外されてしまったからだ。戸越公園駅南より細い暗渠路がゆらゆらと続き、のんき通り付近では住宅地の裏に側溝に蓋をしたような小さな暗渠が残されている。

戸越銀座のようなメジャーな商店街ならまだしも、谷巡りをしなければ知る術もなかったのんき通りのようなローカル色豊かな商店街と出会えるのが、スリバチ歩きの楽しみの1つとなった。そんな町では、有名なチェーン店よりも、いかにもローカルな小さなお店で至福のひと時を過ごしたい。

支流に架かる橋　車の進入を拒絶する、のんき通りの川を渡るささやかな橋（品川区二葉2丁目）

のんき通りの川暗渠路のはじまり　商店街は僅かに傾斜し、窪みの底辺には誘うような暗渠路が残されている（品川区戸越6丁目）

地形――都市の痕跡

石川 初

街歩きには地図が必携である。地図によって私たちは、私たち自身と私たちを取り巻く風景を、より広い文脈のなかに位置づけて理解することができる。特にスリバチ散歩のような地形散策には地図、それも土地の起伏が読み取れる地形図が役立つ。地形図を見ることで、目の前の坂道がスリバチの一部であり、そのスリバチがより大きな谷地形の一部であり、それが他の谷と合流して海につながっている、というような広域の事情を知ることができる。東京のような都市の市街地では、地面を建物や道路などの施設が隙間なく覆い、地面の起伏を直接見たり、大きな地形を眺望したりすることが難しい。地形図はそこを補完してくれる。

市販の地図には様々なものがあるが、スリバチ散歩に適しているのは国土地理院が発行する1万分の1地形図である。全国の主要都市がカバーされていて、細い街路や建物の形がとても詳しく描かれている。また、2メートル間隔の等高線が描かれているため、詳細な地形がよくわかる。ただ、残念ながら国土地理院は地図を電子媒体に移行しつつあり、1万分の1地形図も現行の版から更新されることはなく、現在売られている在庫が底をついた時点で販売終了とのことである。

グーグルマップなど、オンラインのデジタル地図で、地形散策に適したものはなかなかないが、地形データを加工して自前の地形図をパソコンで作ってしまう方法もある。地図を買ってくるよりも多少の手間はかかるが、やり方を覚えればわりと簡単にできる。市販の地形図では、欲しい地域がちょうどうまくカバーされているとは限らないが、自前の地形図なら散策のたびに必要な範囲を印刷すればよく、むしろ合理的だ。

現在、最も簡単に入手できる詳しい地形情報は、国土地理院が公開しているデジタル標高モデル（DEM）という標高データである。これは、航空機から地上をレーザー光でスキャンして得られた立体情報を整理、編集して作られたもので、最小で10センチメートル単位の非常に細かい標高値が記載されている。以前から、東京や名古屋、大阪などの都市部の詳細

いしかわ・はじめ／登録ランドスケープアーキテクト（RLA）。1964年京都生まれ。東京スリバチ学会副会長。GPS地上絵師としても知られている。専門は造園設計。著書『ランドスケール・ブック――地上へのまなざし』など。

地形データがCD-ROMで販売されていたが、昨年（2012年）に日本の広範囲をカバーするデータがウェブサイトで公開され、ほぼ全国の地形データを無料で入手できるようになった。国土地理院のウェブサイトから誰でも無料でダウンロードし、Kashmir3Dなどの地形表示ソフトに読み込んで描画することで、地形図を作成できる。本書に収められている地形図もこのデータを利用して地形を表現し、製作されている。

このデータを使った詳細地形図は、道路のパターンや宅地の形まで、ザラザラした模様のような微小な地形として表示し、これまで見たこともなかったような都市の地面の様子を描き出す。古い河川の流路や、河川改修した堤防、年輪のような埋め立て地の拡張の様子など、地面に刻まれた都市の変遷が樹木の年輪のように浮かび上がって見える。

国土地理院のウェブサイトには、この詳細地形データの製作過程のあらましが紹介されている。それによれば、レーザー測量は地上にある立体物を何もかも拾ってしまうため、そこから樹木や建物などの人工物を取り除いて、地形データとして整備しているという。

地形図を作るために、人工構造物という「都市の表層」を取り除く作業が行われているというのはとても象徴的で、興味深い。現代の都市ではどこを「地面」と考えるかは、実はなかなか難しい。高層ビル前の広場やマンションの中庭の多くは地下駐車場の上に設けられた人工地盤であることがよくある。道路は一応地面に見えるが、土の上には砂利が厚く敷かれ、その上にアスファルトやコンクリートが敷設されている。地上のどの深さまでを人工物とし、どれを自然の地形とするかは、結局、何を地面と見なすかという方針を決め、それに従って空間を定義づけてゆくことに他ならない。

地上の様々な立体物を分類し、定義し、不要なものをひとつずつはぎ取って「地形」を露出させてゆく、この作業は、考古学の発掘を思わせる。実際、地形だけで表示した都市部は遺跡か廃墟のように見える。詳細地形図は、都市から地面を発掘し、遺跡のように「都市の痕跡」を観察する地図なのだ。

図2　5mメッシュ標高データによる渋谷付近の詳細地形の立体表示。出典：国土地理院基盤地図5mメッシュ標高、Kashmir3D使用。

多すぎた谷
馬込・山王

Magome & Sanno

- - - - スリバチエリア
坂
- - - - 川跡・暗渠
- - - - 旧用水路
神社・寺
断面位置をあらわす

[標高]

0m	20m
5m	25m
10m	30m
15m	

夫婦坂
宗福寺
天祖神社
馬込駅
如来寺
JR東海道新幹線
JR横須賀線
出石児童遊
大井・原の水神池
中馬込貝塚公園
環七通り
山王ロマンチック商店街
出石公
たぬき山公園
④萬福寺下の谷
馬込銀座
都営浅草線
第二京浜
馬込八幡神社
神明社
萬福寺
二本木坂
南坂
⑤大森テニスクラブの窪
湯殿神社
北野神社
③池尻堀の谷
大森テニス
馬込坂下
馬込西公園
郷土博物館
厳島神社
山王花清水公園
公園通り
西馬込駅
円乗院
出世稲荷
A
大倉山公園
②沢尻川の谷
熊野神社
右近坂
善慶寺
桜並木通り
臼田坂
黒鶴稲荷神社
龍子児童公園
池尻堀
①池上本門寺周辺の谷
春日神社
春日橋
池上梅園
安立院
松濤園
汐見坂
貴船坂
沢尻川
春日通り
蓬来坂
紅葉坂
太田神社
大田区
本門寺公園
車坂
池上本門寺
長勝寺
五重の塔
本妙院
香川

淀橋台と同じく、地形分類上「下末吉面」に属する荏原台は、スリバチ状の谷が密集する地帯だ。舌状台地と溺れ谷のような谷戸が拮抗し、特に台地の先端部では深く密な谷が分布しており、古くから地元では九十九の谷があるとも言われていた。

まずは台地にまつわる逸話を紹介したい。現在の住所で南馬込5丁目、馬込八幡神社と湯殿神社の間に広がる平坦な台地面に目を付けたのは太田道灌であった。現在でもそれぞれの神社の足元は急峻な崖状で、谷に縁取られた天然の要害となり得ることは容易に想像できる。太田道灌はこの地に城を築こうとした際、谷の多さを形容する「九十九」が「苦重苦」につながるのを恐れ、城郭を築くのを見送ったとの伝説が残っている。結果として彼は荏原台ではなく、もう1つの下末吉面の台地・淀橋台の先端部に江戸城（現在の皇居）を築くことを選んだわけだ。馬込には谷が多すぎたのかもしれない。

ちなみに荏原台のこの地はその後、戦国時代には後北条氏の家臣である梶原助五郎が所領し、周辺の谷には沼が配され、馬込城と呼ばれる中世の城郭となった。

荏原台南端の舌状台地に象徴的に建立されているのが池上本門寺だ。日蓮宗の大本山の1つで、その歴史は日蓮の入滅後、日蓮に帰依していた池上宗仲が、屋敷の一部を寄進したことに始まる。また、荏原台の断崖を総門から一直線に上る石段は、慶長年間（1596〜1615年）に加藤清正によって寄進造立されたと伝えられる。広大な池上本門寺は周囲を崖で囲まれた台地上にあり、崖にはいくつかの谷戸が開析されている。

一方、起伏の激しい荏原台の東方と南方には、蒲田・糀谷・羽田などの多摩川の沖積低地が広がる。この辺りでは潮の影響を受けるため、多摩川の水は農業用だけでなく飲用にも適さず、人工の水路である六郷用水（上流部では等々力の章で紹介した丸子川）が江戸時代に築かれている。荏原台の崖下を流れていたのは北堀と呼ばれる六郷用水分流で、この分流から平野部へ縦横に用水路が張りめぐらされていた。六郷用水は測量開始から完成まで14年の際月を費やした。玉川上水の工期1年半とは極めて対照的だ。工期の違いは、台地上に築かれた玉川上水の勾配が1／450程度だったのに対し、低地を流れる六郷用水の平均勾配は約1／800と、沖積地での緩やかな傾斜の水路建設がいかに難工事だったのかを彷彿させるものである。

①池上本門寺周辺の谷

池上本門寺のある荏原台最南端の丘には、スリバチ状の谷が複数刻まれている。まず、東向きの崖には本門寺公園として利用されている2つのスリバチ状の谷があり、公園の1つは3方向を崖に囲まれた谷頭形状を階段状の公園の造形に活かしている。奥深い谷筋を上りきった軸線上に池上本門寺の五重の塔が象徴的に聳え立つところが興味深い。

もう1つの窪地は、奥行きこそ浅いが谷底に弁天池

池上本門寺を望む　谷の先にある鬱蒼とした緑は、池上本門寺の丘（大田区中央5丁目）

池上本門寺の石段　比高の大きい荏原台を直線状に上る池上本門寺の参道（大田区池上1丁目）

本門寺公園の池　谷戸の湧水を溜めた池が公園の中にある（大田区池上1丁目）

本門寺公園のスリバチ　公園に整備されたスリバチ状の小さな谷戸（大田区池上1丁目）

と小さな祠が祀られ、池は釣り人で賑わう。この池から流れ出た川は、住宅地に川跡を残し、河谷を見下ろす丘には太田神社が建立されている。

また、五重の塔の北側にも細長い窪地があり、谷の中流部が朗峰会館と松濤園と呼ばれる緑豊かな庭園に活かされている。一般には開放されていないが、典型的な公園系スリバチである。1868年、松濤園の「あずまや」で、官軍代表の西郷隆盛と幕府代表の勝海舟が会談し、江戸の無血開城合意に向けた折衝がなされたという（無血開城の合意は、高輪の薩摩藩下屋敷と伝えられている）。

② 沢尻川（内川）の谷

地元で大倉山・佐伯山と呼ばれている台地を隔てているのは、沢尻川（内川）が侵食した比較的大きな谷だ。元は苗川、一川とも呼ばれていたものが内川と呼ばれるようになった。沢尻川の河谷は都営浅草線西馬込駅南で幾筋かに分かれ、環状7号線を越えた谷頭には宗福寺が建立されているが、宗福寺までの暗渠路は直線状に整備されている。

汐見坂のスリバチビュー　汐見坂のある谷間を、黒鶴稲荷神社のある高台から望む（大田区中央5丁目）

松濤園のスリバチ庭園　朗峰会館には、谷戸の湧水を取り込んだ小堀遠州作庭の日本庭園・松濤園がある（大田区池上1丁目）

上右＝**佐伯山下の暗渠路**　佐伯山の麓には内川の暗渠路が続いている（大田区中央4丁目）／上左＝**佐伯山からの眺め**　佐伯山と呼ばれる台地の先端が公園として整備され、呑川の低地を眺められるようになった（大田区中央5丁目）／下右＝**沢尻川跡の桜並木**　暗渠化された沢尻川の川跡は桜並木に整備され、商店街として賑わっている（大田区南馬込4丁目）

この流れに直角に合流する、谷筋からの暗渠も複数確認できる。

南流した沢尻川は、出世稲荷の祀られる台地足元で流れる方向を南東へと変える。そこから下流域は休憩スポットも用意された桜並木通りに整備され、馬込台地の住宅地を支える商圏・谷町を形成している。沢尻川中流域にも支谷が多く、岬状の台地突端には黒鶴稲荷神社や、馬込城のあった湯殿神社がある。また、右岸先端部の佐伯山と呼ばれる丘は大田区の緑地公園が整備中で、丘に上れば眼下に広がる沖積低地を一望できる。

地図を持たずにこの界隈の谷を歩いていても、鬱蒼とした緑の森が背景として見えがくれする。谷間は住宅で埋め尽くされても、緑に包まれた台地の杜は、町の鎮守として重要なランドマークとなっている。

③ 池尻堀の谷

山王と南馬込を隔てる環状7号線は、池尻堀と呼ばれる谷筋を利用し、台地と低地を結んでいる。谷底にはいく

明神橋の遺構　春日神社の横には、池上道に架かっていた明神橋の親柱が保存されている（大田区中央1丁目）

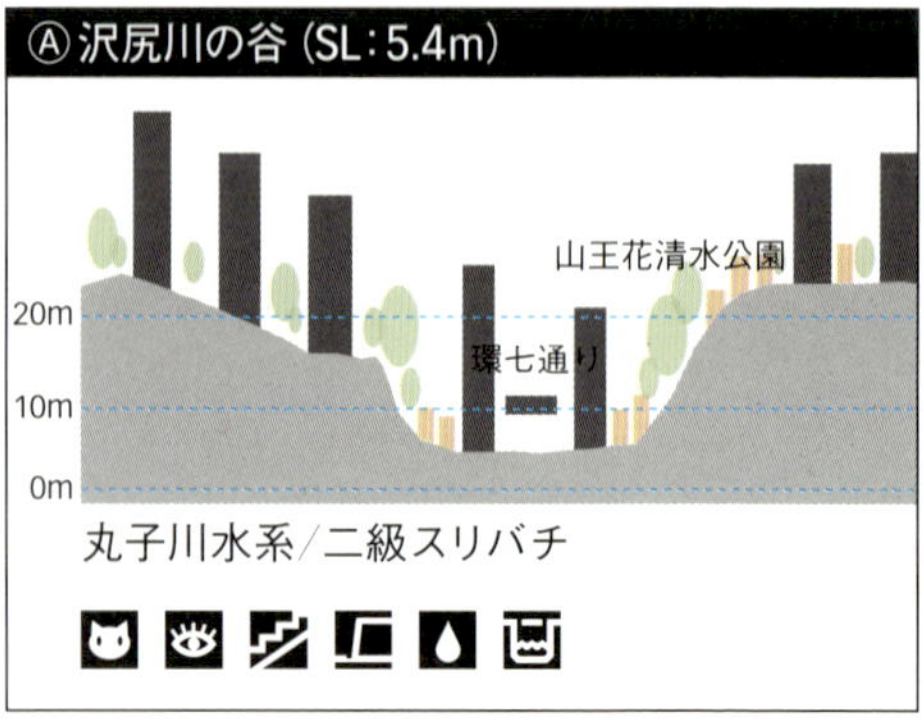

つかの流路が曲がりくねった暗渠路として残る。旧平間街道（池上道）に架かっていた橋の親柱が、右岸にある春日神社横の歩道脇に保存され、かつての流れを偲ぶことができる。

池尻堀左岸の台地の突端部、木原山と呼ばれる丘に鎮座するのが熊野神社である。馬込一帯では、複雑に入り組んだ谷が分断した舌状の台地にそれぞれ山の名が付けられている。この木原山の他にも、大倉山、たぬき山、佐伯山などがあり、高輪の城南五山と同じように、入り組む谷の多さを物語るものだ。ここでも谷あってこその丘（山）なのだ。ちなみに熊野神社は、平間街道の宿場町、新井宿村の領主・木原氏によって元和年間（1615～1624年）に建立された宿場の総鎮守である。

池尻堀両岸にも、いくつもの支谷が複雑に入り込んでおり、その1つの窪地を活用した山王花清水公園は、湧水池と湧水枡がある公園系スリバチである。園内の崖裾は花で彩られ、枡の前には小さな祠と御神水の立札が立つ。ここから湧き出た清らかな水は、厳島神社が祀られる弁天池へ

厳島神社の弁天池　谷戸の湧水を溜めた弁天池（大田区山王4丁目）

熊野神社の杜　善慶寺の境内から熊野神社の杜を望む（大田区山王3丁目）

山王ロマンチック商店街　谷間の沖積低地には、看板建築が軒を並べるロマンチック商店街が続いている（品川区西大井４丁目・大田区南馬込２丁目）

弁天池のスリバチビュー　弁天池の窪地を望む（大田区山王４丁目）

と流れ込んでいる。弁天池を囲む斜面には住宅が並び、窪地と台地を結ぶ道は多くが階段となっていて、階段上からの窪地の眺望もすばらしい。

④ジャーマン通りの谷・萬福寺下の谷

池尻堀の谷は、その上流部・馬込銀座交差点でエトワール状（放射状）に分岐しているところが特徴的だ。そのうちの2つの谷筋は、荏原台の高低差を上り下りするジャーマン通りと、環状7号線に取り込まれている。ジャーマン通りの南側では暗渠路が続き、この谷から出石公園辺りを谷頭とする短い谷筋が枝分かれしている。一方、環状7号線南側の台地はたぬき山と呼ばれ、その南の河谷を2股に分かつ台地に萬福寺が建立されている。その山門からの眺めは、谷間の墓地越しに対岸の緑の丘を望む絶景である。

エトワール型のさいごの谷、池尻堀の本流とも思われる奥深い谷筋は、山王ロマンチック商店街となっていて、レトロな地元密着型の店舗が軒を連ねている。この谷筋を遡ると、JRの高架橋下をくぐり、如来寺山門前で2股に

大森テニスクラブ裏の暗渠路　大森テニスクラブの谷から流れ出ていたと思われる川の痕跡（大田区山王２丁目）

スリバチ状の大森テニスクラブ　整形された一級スリバチ地形は、かつて射的場だった名残（大田区山王２丁目）

分かれ、最深部の谷頭は第二京浜まで暗渠を遡ることができる。この辺りはかつて篠谷と呼ばれた農村で、分水嶺の先は谷垂との字名があった立会川へと続くなだらかな斜面地へと続く。

⑤大森テニスクラブの窪地

ＪＲ京浜東北線西側には崖状の斜面が続き、大森駅西側の急斜面の上にあるのが天祖神社である。崖下の八景坂は、整備される以前は相当な急坂だったらしく、薬草を刻む薬研の溝のようだったことから薬研坂とも言われた。なお、八景坂の名の由来としては、台地のはずれの崖を意味するハケとする説もある。

ここからはじまる台地は、駅周辺の雑踏とは無縁な山王の高級住宅地である。起伏に富んだこの辺りが都市化されたのは関東大震災以降のことで、それ以前は、低地に田、台地に畑が広がる典型的な田園地帯であった。特に大森駅西側の高台に位置する山王の地は、東京近郊の別荘地として発展してきた。

さて、閑静な山王の住宅地の中に大森テニスクラブはあるが、そのテニスコートは整形の窪地にすっぽりと納まっている。この短冊状の窪地は大森射的場の跡で、1889年から1937年まで、会員制の小銃射撃場として皇族や軍人に利用されていた。元々は文京区弥生2丁目の窪地(前作の本郷の章参照)にあった東京共同射的会社射的場が移転してきたものだ。整形の窪地は、四周を台地で囲まれた一級スリバチ地形となっているが、元々は、ジャーマン通りとなった谷筋の谷頭の1つと思われる。なぜなら、今でもジャーマン通り裏の暗渠路へと続く水路跡が、高級住宅地の中にひっそりと残されているからだ。

⑥ 鹿島谷

馬込・山王の凹凸で十分に満たされてしまうが、地形マニアなら大森貝塚に寄らぬわけにはいくまい。大森貝塚は、鹿島谷と呼ばれる谷筋を流れた川が沖積低地に出る河口に位置する。この付近では、この川筋が大田区と品川区の区界となっている。

池上本門寺下の谷の断面展開図

大森貝塚は1877年、アメリカの動物学者E・S・モースによって発見され、日本考古学史上初の科学的な発掘調査が行われた遺跡だ。貝塚からは縄文時代後期後半（約3500年前）の縄文土器などの遺物が出土し、1955年、国の史跡に指定された。

モースは横浜に上陸した翌日、横浜から東京へ向かう汽車の車中から偶然に貝塚を目にする。この鉄道はその5年前に開通したばかりで、鉄道建設のために切り崩された崖肌がまだ露わな状態だったのだろう。加えて仮停車場として設けられた新駅・大森駅を出発して間もない汽車が、貝殻が堆積する崖を注視できるほどの速度であったことが幸いした。

モースの発見・発掘した大森貝塚を顕彰する石碑は現在、大田区側の「大森貝墟《かいきょ》」の碑（大田区山王1－3－1）と、品川区側の「大森貝塚」の碑（品川区大井6－21）の2つ建てられている。両碑が建てられたとき、大森貝塚発掘から50年近くも経っていたため、貝塚の正確な位置は関係者の間でも分からなくなっていたという。その後、近年の発掘

大森貝塚遺跡庭園　モースの胸像の背後にある地層はレプリカだが、庭園内では貝層の剥離標本を見学できる（品川区大井6丁目）

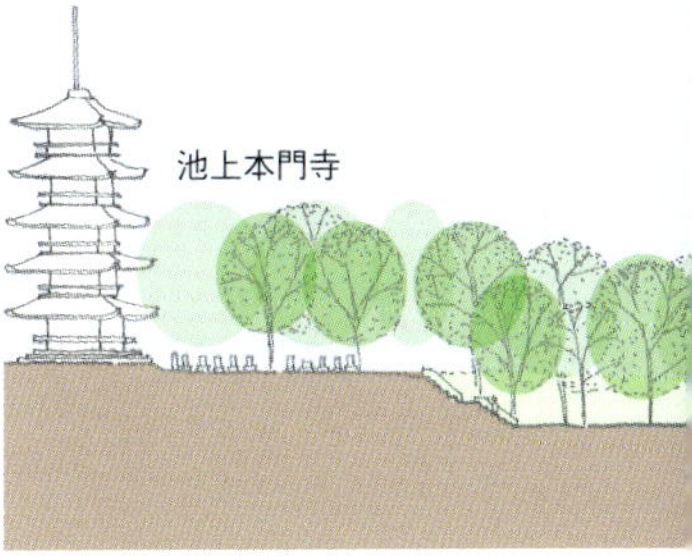

調査および地主と東京大学・文部省との間で取り交わした文書から、「大森貝塚」碑付近であることがほぼ確実となった。この場所は現在、大森貝塚遺跡庭園として周辺が整備されている。

大森貝塚の脇にある谷筋・通称鹿島谷は、品川区立出石児童遊園の大井・原の水神池を谷頭としており、この池自体は荏原台の湧水を水源とし、畔には水神社が祀られている。水神池の水は、この一帯が原村と呼ばれた頃、農産物の洗い場として利用されていたという。

鹿島谷には鹿島庚塚公園で分かれるもう1つの河谷があり、大井5丁目の滝王子稲荷神社の池が水源と思われる。その祠は住宅地に埋もれてはいるが、境内には推定樹齢300年のタブの大木もあり、近くまで辿り着ければ水源探索のクライマックス感も十分だ。どちらの河谷も緩勾配ながら、暗渠路や橋跡は残されており、水源への到達は比較的容易である。

縄文集落を育んだ鹿島谷の両側では、日枝神社（山王の名の由来）と鹿島神社（鹿島谷の名の由来）が対峙している。どちらの神社も河谷で分断された台地の突端に立地する。縄文集落がかつての海岸線かつ河口にあったのは、海の恵みを享受しつつ、飲料水は湧水の流れる川から得ていたためだろう。国内最大規模の縄文遺跡として名高い青森県三内丸山遺跡では、やはり集落が泉の湧き出るスリバチ状の沢を囲むように立地していることからも想像できる。海の恵みを得られ、清水の流れるスリバチを囲むロケーションは、古代集落にとっては絶好の立地だったに違いない。

滝王子稲荷神社　谷頭には池が残り、滝王子稲荷神社が祀られる。境内には推定樹齢300年のタブノキもある（品川区大井5丁目）

大井・原の水神池　住宅地に囲まれた谷頭には溜池があり、畔には水神が祀られている（品川区西大井3丁目）

青森県の三内丸山遺跡　台地に刻まれた沢を囲むように縄文の集落は立地している（緑の生い茂っている部分が沢）

練馬・板橋

北の台地を刻む谷

Nerima & Itabashi

スリバチエリア
坂
川跡・暗渠
旧用水路
神社・寺
断面位置をあらわす

[標高]

0m 5m 10m 15m 20m 25m 30m 35m

N

0 100 200 500m

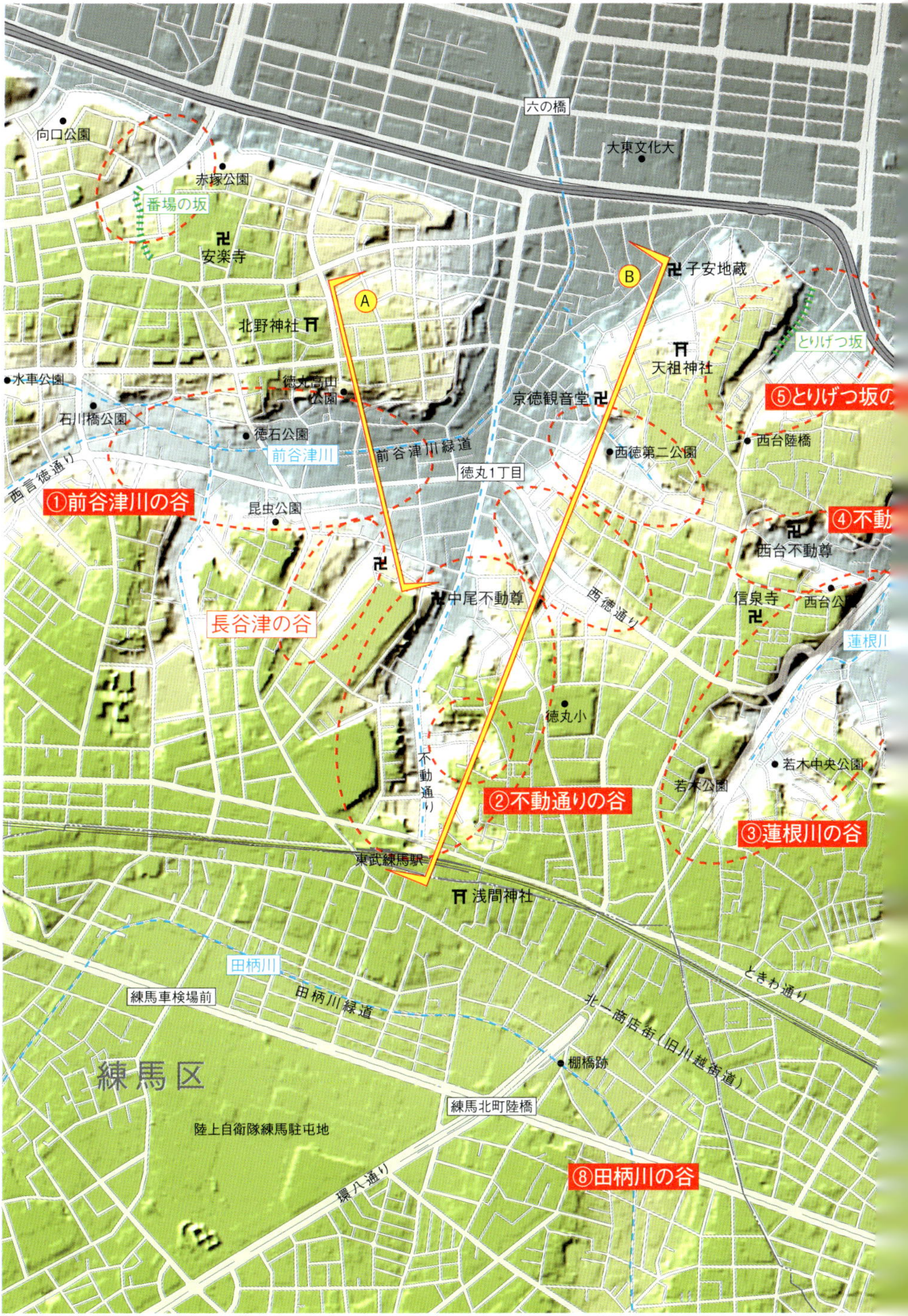
六の橋
大東文化大
向口公園
赤塚公園
番場の坂
安楽寺
子安地蔵
A
B
北野神社
天祖神社
とりげつ坂
⑤とりげつ坂の
水車公園
徳丸高山公園
京徳観音堂
石川橋公園
徳石公園
前谷津川
前谷津川緑道
西徳第二公園
西台陸橋
西言徳通り
徳丸1丁目
①前谷津川の谷
昆虫公園
④不動
西台不動尊
中尾不動尊
西徳通り
信泉寺
西台公
長谷津の谷
蓮根川
徳丸小
不動通り
若木中央公園
若木公園
②不動通りの谷
③蓮根川の谷
東武練馬駅
浅間神社
田柄川
ときわ通り
練馬車検場前
田柄川緑道
北一商店街（旧川越街道）
練馬区
棚橋跡
練馬北町陸橋
陸上自衛隊練馬駐屯地
環八通り
⑧田柄川の谷

武蔵野台地の北端部、赤羽台から成増台にかけては、ご存じ淀橋台や荏原台にも匹敵し得る、深く険しい谷が密集している。段丘崖を刻むのは、前谷津川・蓮根《はすね》川《がわ》・前野川といった都市河川。複雑な凹凸地形をベースに開発された住宅地では、坂道・階段などが入り組み、意外性と立体感のある町並みが見る者を飽きさせない。地形探索を目的に、遠方からでも出向きたいスリバチ散歩の名所なのだ。

武蔵野台地が比高約15mの断崖で終わる地平の北は、広大な荒川低地の氾濫原、高島平である。かつては徳丸ヶ原と呼ばれ、徳川歴代将軍の鷹狩の地であった。高島平の名は、1791年（寛政3）、幕府が砲術家・高島秋帆《しゅうはん》によって洋式火砲の訓練を行った場所であることから付けられたものだ。1869年（明治2）に明治政府より民間に払い下げになり、河川の改修工事と水路の整備によって、東京近郊の一大穀倉地帯となった。しかし、昭和30年代（1955年〜）には地下水も枯れ、用水の水も汚れ始め、地盤沈下などもあっ

中台二丁目公園からの眺め　住宅で埋め尽くされた狭く急峻な谷間を眺める（板橋区中台2丁目）

谷間に再現された水路　住宅団地の谷間は、水景施設が設けられた広場となっている（板橋区中台3丁目）

たために当時の農民は耕地を維持することを断念。代わりに高度経済成長を象徴する高島平団地の建設用地となったのだ。

この高島平を望むビューポイントとしては、赤塚公園の段丘際をお勧めする。崖線は緑地として保全されており、河谷で分断された台地は沖山や辻山などの愛称で呼ばれる。そして赤塚公園の展望台から望む、地平を埋め尽くす高島平の高層団地の群は圧巻である。経済戦争を戦い抜いた歴戦の艦船群が港に一時停泊しているかのような光景だからだ。

さて、崖線の南、台地の尾根筋を走るのは北一商店街（旧川越街道）で、その南側には田柄川の侵食したなだらかな谷がゆらゆらと台地面を漂っている。東武東上線を挟んで北側の台地に切り込む肉食系の谷とは対照的だ。この地形的構図は武蔵野台地の南端、等々力・尾山台と共通している。

ちなみに東武東上線の東武練馬駅があるのは実は板橋区で、駅の南側からが練馬区だ。練馬の語源については諸説あって、その１つが文化・文政期（１８０４〜１８２９年）に編まれた武蔵国の地誌『新編武蔵風土記稿』で見られる馬の調練説だ。確かに武蔵野の原野は馬の名産地でもあったわけだが、練馬は古くは「練間」と書かれたこともあるので、確かな説とは結論付けられない。他には古代宿駅「乗ヌマ」が訛ったとする説や、赤土などの煉場だったとする説などがある。もっとも興味深い説は、「根沼」が転化したとする説で、「根沼」とは、湧き出る奥まった水源地を意味する。本書でもたびたび登場している石神井川や、前作「成増」の章で取り上げた白子川などの水源となっている、大小の水源を多く持つ練馬の地形的特徴を言い当てているからだ。本書で紹介するのは練馬のごく一部に限られてしまうが、練馬は水源巡り・谷巡りの広大なフロンティアに違いない。

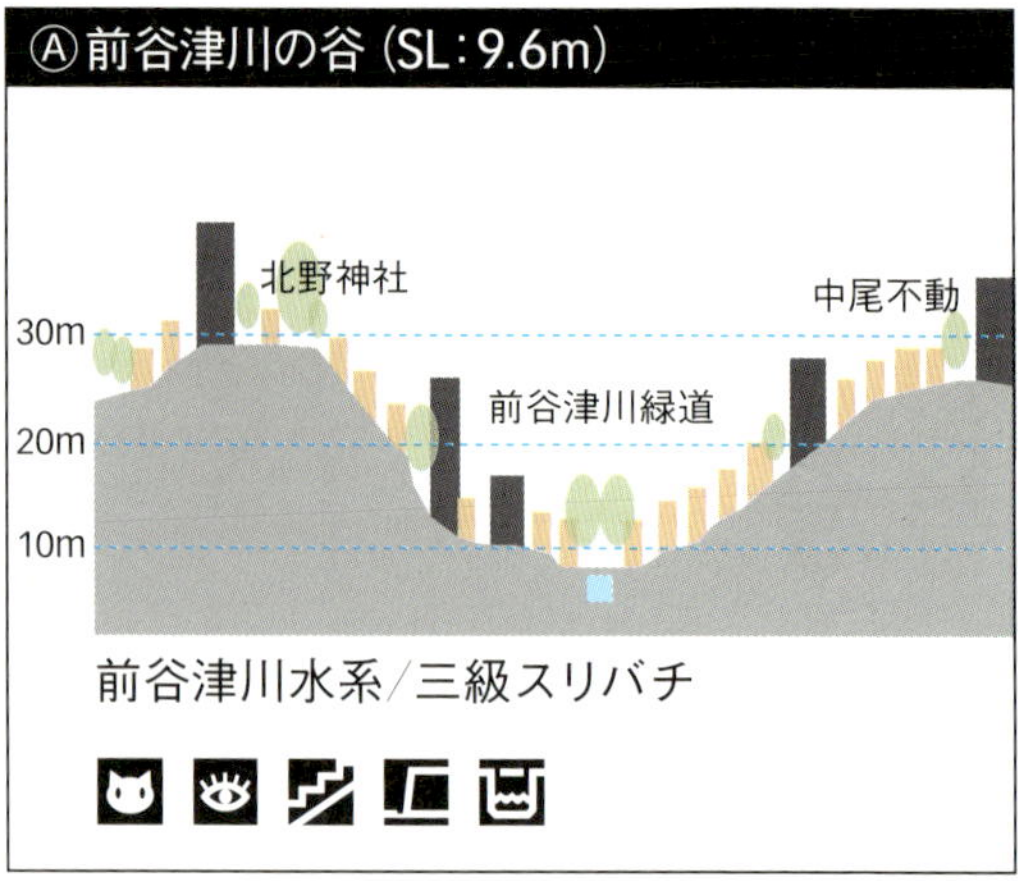

① 前谷津川の大きな谷

赤羽台から成増台、そして埼玉県側の朝霞台《あさかだい》と、北に荒川低地を望む台地には、比高の大きい河谷が刻まれている。中でも前谷津川の刻んだ河谷周辺には、眺望を遮る高い建物も少なく、徳丸高山公園・昆虫公園をはじめとした「スリバチの空は広い」と実感できるビューポイントが点在している。

前谷津川は赤塚新町2丁目辺りの窪地を水源とし、前谷津川谷（徳丸谷）を刻んで東へ流れる河川だ。川は台地の狭間を蛇行しながら徳丸ヶ原と呼ばれた荒川の沖積地へと流れ出る。荒川低地の水路は、昭和の初期まで水田開発用の用水堀として灌漑に用いられてきたが、高島平団地開発の際、コンクリート護岸の水路に変わった。

前谷津川の大部分は現在、暗渠化され、かつての流路は前谷津川緑道として整備されている。徳石公園から上流部では流路が枝分かれし、その一部は水車公園や石川橋公園となっている。谷の左岸、南向きの丘には北野神社が鎮座

水車公園の茶室　水車公園では前谷津川の流れが復元され、茶室の庭園に利用されている（板橋区四葉1丁目）

前谷津川の谷　昆虫公園横の長い階段から前谷津川の谷を遠望する（板橋区徳丸3丁目）

前谷津川緑道　前谷津川は暗渠化され、緑道に整備されている（板橋区西台3丁目）

石川橋公園　徳丸石川通りに架かっていた橋周辺の谷間は石川橋公園となっている（板橋区徳丸5丁目）

し、北向き斜面の中尾不動尊と対峙している。

② 不動通りの谷とミニスリバチ群

前谷津川の支流の1つ、東武練馬駅付近を谷頭とする不動通りの谷を取り上げたい。川筋にあたるのが不動通りだが、通りの名は岬状に迫り出した台地に祀られた中尾不動尊に由来する。この谷の面白さは、フラクタル状に局地的なスリバチ状の窪地を付随させていることだ。南北に3つ

Ⓑ不動通り横のスリバチ3連星（SL：9.9m）

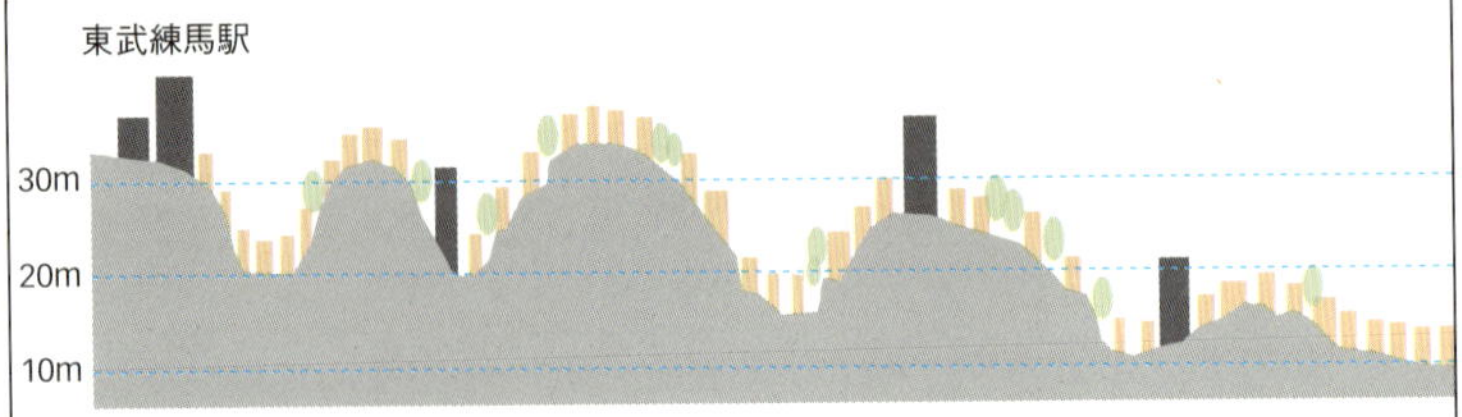

前谷津川水系／二級スリバチ

練馬スリバチ3連星　谷底へと下りる階段がスリバチ状の谷間を囲んでいる（板橋区徳丸1丁目）

連なる支谷《しこく》は、住宅地に組み込まれながらもユニークな景観を形成している。東武練馬駅から見て2番目の窪地では、谷底へ下りる複数の階段が台地面から見渡せるため、まるで劇場の観客席のような光景となっている。静かな住宅地を進むと伏兵のように突如現れるこの連続した支谷を、ス

若木中央公園からのビュー　尾根筋に集合住宅が建ち、谷間を戸建住宅が埋めている（板橋区若木2丁目）

蓮根川の谷　中台しいのき公園より蓮根川の谷間を眺める（板橋区中台3丁目）

リバチ学会では「練馬のスリバチ3連星」と呼んでいる。

③ 蓮根川の谷

蓮根川が刻んだ谷底は、環状8号線の道路に置き換わってはいるが、川の蛇行跡が所々で残されている。蓮根川は、板橋区若木2丁目や西台4丁目付近の湧水を水源とし、中台と西台の台地の間の狭間を流れ、新河岸川に注いでいた、延長3㎞ほどの小河川である。

台地を刻む河谷は狭隘なため、中台しいのき公園や若木中央公園の丘に上れば、谷を埋める住宅群と対岸の丘を俯瞰できる。都心で多く見られる光景、建物が地形の起伏を強調する様子（スリバチの第一法則）が郊外でも成立していることを知る。

④ 不動谷

蓮根川の谷から直角に分岐する支谷は、谷の北向き斜面が西台公園として整備され、園内からは順光で明るいスリバチ風景を楽しめる。そして谷戸には農家や畑地が広がり、都心とは違ったのどかな谷戸の原風景も味わえるのだ。西台公園内では、さらにフラクタル状に極小スリバチも分岐し、斜面を活かした遊具が童心を誘う。また、谷底にはささやかながら、かつての水路も再現されている。谷の先端部は二股に分かれ、谷を隔てる岬に西台不動尊の古びた祠が佇む。かつては崖下に滝があり、行人が水《みず》垢離《ごり》（水行）をする名所だった。そしてこの辺りは字不動谷と呼ばれていた。

⑤ とりげつ坂の谷

前谷津川と蓮根川で挟まれた半島状の台地先端にあるのが西台村の鎮守、天祖神社である。鬱蒼とした木立に守られ、境内には山岳信仰の末社も複数祀られている。

天祖神社のある台地を縁取る2つの谷筋を紹介しよう。1つは西台陸橋辺りを谷頭とする谷で、1mにも満たない暗渠路を住宅地の中に見つけることができる。谷筋に沿った道は地元では「とりげつ坂」と呼ばれている。

もう1つは西徳第二公園となっている谷戸で、急な石段を登った頂に京徳観音堂がある。西徳第二公園は、住みよいまちづくりのた

西台公園内の窪地　西台公園内にはスリバチ状の支谷があり、斜面を活かした遊具が楽しそうだ（板橋区西台1丁目）

西台公園からのビュー　西台公園から谷間の農村風景を眺める（板橋区西台1丁目）

めにと、この付近の土地所有者が持ち分に応じて土地を提供し、昔ながらの山林の風景を残したものだという。

⑥ サンシティ下の谷

サンシティと呼ばれる大規模高層住宅が囲む広い谷筋がある。字名では長久保と呼ばれた、奥にも長い谷筋だ。谷間は現在、緑小学校の敷地や中台さくら公園に利用され、人工的ではあるが緑豊かな公園系スリバチとして、団地住民に憩いの場を提供している。サンシティは1978年（昭和53）に旭化成研究所跡地に建設された大規模団地で、建設に先だって行われた発掘調査で出土した、奈良時代の竪穴住居址の復元模型が中台さくら公園内に置かれている。

高層住宅に囲まれた長久保は、小さなV字状の支谷をいくつか従えている。1つは西向き斜面に刻まれた谷で、対岸までは100mにも満たない急峻な斜面を成し、谷底には一人前に川跡も残っている。地図上

西台陸橋下のスリバチ　静かな住宅地が谷間を埋め、水路跡が残されていた（板橋区西台1丁目）

西台不動尊　不動谷と呼ばれた谷頭に建立されている西台不動尊（板橋区西台1丁目）

ではなかなか気付きにくいが、歩いて発見できる魅力ある局地的スリバチである。

もう1つの支谷は、延命寺を谷頭とする小さな河谷で、境内には「不動尊の池」と呼ばれた湧水池があったと言う。谷を上ると「キャニオングランデ」（大峡谷）というマンションが数棟あるが、地形的には支谷先端の小峡谷だ。

⑦ 前野川の谷

前野川の谷頭付近は比高が大きく谷幅も狭い。したがって斜面は崖状となり、中台二丁目公園やどんぐり山公園で保全された崖線を味わえる。公園からは対岸の丘を間近に見つつ、谷を俯瞰できる眺望が嬉しい。中台二丁目公園より下流側は、川跡が緑道として整備されているが、暗渠探検にはむしろ上流側へ遡上する方が面白い。若木1丁目付近の窪みまで遡れる、風情ある暗渠路が住宅地に残されているからだ。上流部では複数の支谷が分かれ、西向きの谷には日暮久保との字名が付けられていた。

右＝**サンシティ横のV字谷**　向かい合う急斜面と階段で河谷の幅の狭さがよく分かる（板橋区中台2丁目）／左＝**どんぐり山公園下の谷**　どんぐり山公園の麓には前野川の河谷が横たわる（板橋区中台1丁目）

⑧ 田柄川の大らかな谷

東武東上線以北にあるワイルドな谷に目を奪われがちだが、川越街道の南に緩やかに蛇行するなだらかな谷もユニークだ。この谷を流れていたのは田柄川（田柄用水）で、練馬区光が丘の秋の陽公園付近の雨水を集めて東へ流れ、石神井川に注ぐ延長4・9kmの河川である。上流部の田柄用水は田無用水から分水されたもので、農業用水や水車の動力源の他、石神井川下流の火薬製造及び製紙用の工業用水として利用されてきた。農村地域の宅地化が水害を招く結果となり、1981年に暗渠化され、かつての水路は田柄川緑道となっている。環状8号線との交差部近くに残された「棚橋」の親柱が、数少ない遺構の1つだ。

台地表面を気ままに彷徨《さまよ》う田柄川であるが、大雨の時の有力な排水路として、かつては川越街道を冠水から守る役割を担っていた。丘の上を気ままに悠々と流れる河川に、横から積極的にアプローチするかのような、肉食系の谷が迫る様子も地形図から見て取れる。この地形的構図は、等々力・尾山台周辺と類似性があり、等々力渓谷のような河川争奪が起きたかも知れない関係性と言える。

田柄川の棚橋跡　環状8号線が田柄川を渡る場所に棚橋の親柱が残されていた（練馬区北町1丁目）

成城

丘を縁取る谷

Seijo

スリバチエリア
坂
川跡・暗渠
旧用水路
神社・寺
断面位置をあらわす

[標高]

0m
10m
20m
25m
30m
35m
40m
45m

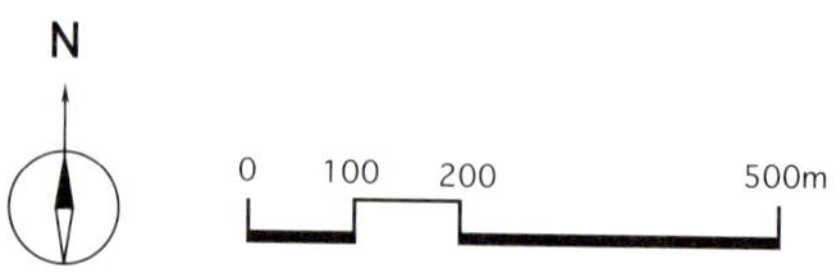

調布市
祖師谷公園
B
②入間公園の谷
成城8丁目
観世音堂
入間公園
仙川の谷
成城四丁目緑地
成城通り
ドーナツ池
成城富士見橋通り
成城5丁目南
成城大
きたみふれあい広場
成城学園前駅
A
神明の森みつ池
喜多見不動堂
①国分寺崖線の窪地群
野川
喜多見駅
成城2丁目
仙川
お茶屋坂
世田谷通り
成城三丁目緑地
東宝ス
狛江市
滝下橋緑道
病院坂
二ノ橋
次太夫堀
砧小学
次大夫堀公園

成城地区は、田園調布と並ぶ東京近郊の代表的高級住宅街として知られ、概ね国分寺崖線と仙川がつくる河谷（祖師谷）に縁取られた範囲を言う。平坦な台地面に整然と配置された街路には、イチョウや桜の並木が続き、住宅街の生け垣とともに、風格ある住宅地を印象付ける。スリバチ状に窪む地形に呼応するように街路が放射・環状に描かれている田園調布とは対照的に、成城では台地面に直交するグリッドの街路構成が用いられている。町を縁取る国分寺崖線では、今でも湧水群が見られ、その崖線を刻むような谷戸もいくつか存在している。

崖線下を流れる野川は、古多摩川の名残川と言われ、洪水のたびに氾濫原の中で流路を変更してきた。それ自体は自然の摂理であるが、氾濫原で調整池の役目も果たす水田がなくなり、宅地化されるようになると、「あばれ野川」のレッテルを貼られ、現在の流路にコンクリートで押し込められた。これまで多く見てきた、沖積地を流れる都市河川の典型的な姿だ。

野川は国分寺市の日立中央研究所の湧水を水源とし、国分寺崖線に沿って流れ、多摩川に注ぐ。武蔵野・立川の2つの段丘の境が湧水線となり、ハケと呼ばれる湧水群を成している。真姿の池・貫井

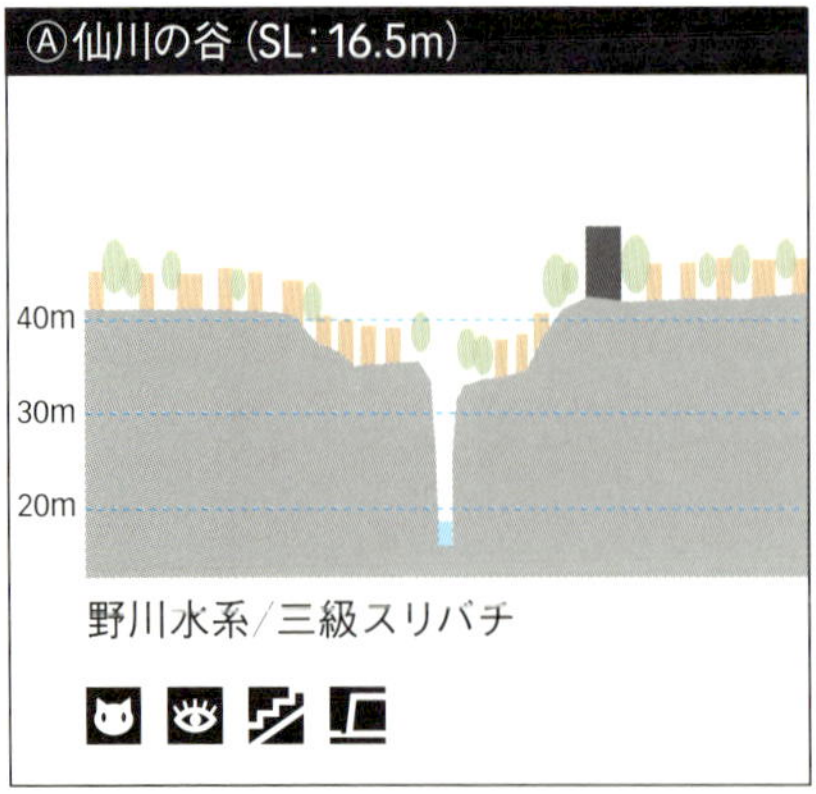

成城学園の町並み　桜並木の続く閑静な高級住宅地（世田谷区成城6丁目）

神社の弁天湧水・野川公園など、多くの湧水が左岸から流入しており、世田谷区内でも同様の湧水を多く見ることができる。

ここで特徴的な2つの水路を取り上げておきたい。

その1つは荒玉水道道路と呼ばれ、世田谷区喜多見から杉並区梅里1丁目まで、ほぼ一直線の道が続く。地下には水道管が埋設されており、重量制限はあるものの車両での通行も可能だ。この水道は、武蔵野台地の都市化による水需要増加に応えるために、荒川と多摩川から取水する計画で建設されたものだ。「荒玉」の名はそこから付けられたものだが、荒川からは結局取水されないまま、水道施設としては1931年に多摩川からの給水を始めた。多摩川の伏流水は、砧浄水場からポンプ加圧され、野方（中野区）と大谷口（板橋区）の配水塔へ送られていた。

もう1つの水路は、野川と多摩川に挟まれた沖積低地を流れる次《じ》太夫堀《だゆうぼり》だ。次太夫堀とは、「馬込・山王」の章で紹介した六郷用水の上流部分で、この辺りの沖積地に拓かれた田畑を潤す農業用水だった。次大夫堀公園内では復元された水路の他に、再現された江戸時代の農村風景を見ることができる。現在は仙川から引水し丸子川とも呼ばれ、こちらは「等々力」の章で紹介した。

右＝**荒玉水道道路**　一直線の荒玉水道道路が彼方まで続いている（世田谷区砧7丁目・大蔵3丁目）／左＝**次大夫堀公園**　次大夫堀公園では、六郷用水や水田・民家を配し、かつての農村風景を再現している（世田谷区喜多見5丁目）

① 国分寺崖線の窪地群

野川へと下りる急斜面の窪地に祀られるのが喜多見不動堂で、崖下から湧く水を活かした不動の滝もある。これは砂礫層中の地下水が、下部不透水層である東京層との境から湧き出したものだ。喜多見不動堂のもう1つの見どころは、境内奥に神秘的な祠が佇む手掘りの洞窟があることで、中へ入ると、水分を含んだ武蔵野ローム層を間近に見て、触ることもできる。

神明の森みつ池は、国分寺崖線を谷頭侵食しつつあるスリバチ地形で、成長途中のスリバチと言える。名の由来は、湧水を湛えた3つの溜池があり、傍らに水神の祠があったからだ。谷を刻んだ湧水は湿地や池を経て、今でも野川へ流れ込んでいる。ここは自然保護のため年数回の観察会の時のみ開放されているが、普段でもフェンス越しに神秘的で緑豊かな谷戸を眺めることはできる。

また、成城三丁目緑地では、国分寺崖線からの豊かな湧水が清らかな流れをつくり、地元の子供たちが川遊びに興じている。崖線を見上げれば落葉広葉樹の緑が清々しく、都会にいることを忘れさせてくれる。成城三丁目緑地は、世田谷トラストまちづくりの人々や、

右＝**喜多見不動堂の滝**　崖下の湧水が不動の滝に利用されている（世田谷区成城4丁目）／中＝**神明の森みつ池**　みつ池の森は、落葉広葉樹の多い雑木林から成る（世田谷区成城4丁目）／左＝**成城三丁目緑地の清流**　成城三丁目緑地では、豊富な湧水が小川となって流れている（世田谷区成城3丁目）

ボランティア、近隣住民など多くの人たちが関わりあって、「都市の里山」をテーマとしたみどりの保全活動に支えられているものだ。

② 入間公園の谷

国分寺崖線に刻まれた谷戸を活かした調布市入間公園では、なだらかな起伏を歩いて地形を体感できる。回遊式の大名庭園とは違う、郊外型公園系スリバチの魅力をここでは味わいたい。崖下には今でも、谷頭から湧き出た水が小さなせせらぎをつくっている。湿地帯を想わせる窪地をスリバチビューの住宅が囲んでいるところもユニークだ。

③ 耕雲寺下の窪地

地図中央を北から南へ流れているのは仙川だ。起点は小金井市で、武蔵野市・三鷹市・調布市を抜け、世田谷区鎌田で野川に合流する、全長20・9kmの一級河川である。流路の途中で多くの湧水を持ち、千釜（釜は水の湧くところを意味した）が仙川の名の由来とされる。

しかしこの辺りでは、仙川に流れ込む支流は少ない。仙川を跨いで立地する成城学園のキャンパスには、ドーナツ池と呼ばれる小さ

スリバチ状の入間公園　谷戸地形を活かした郊外型公園系スリバチの入間公園（調布市入間町3丁目）

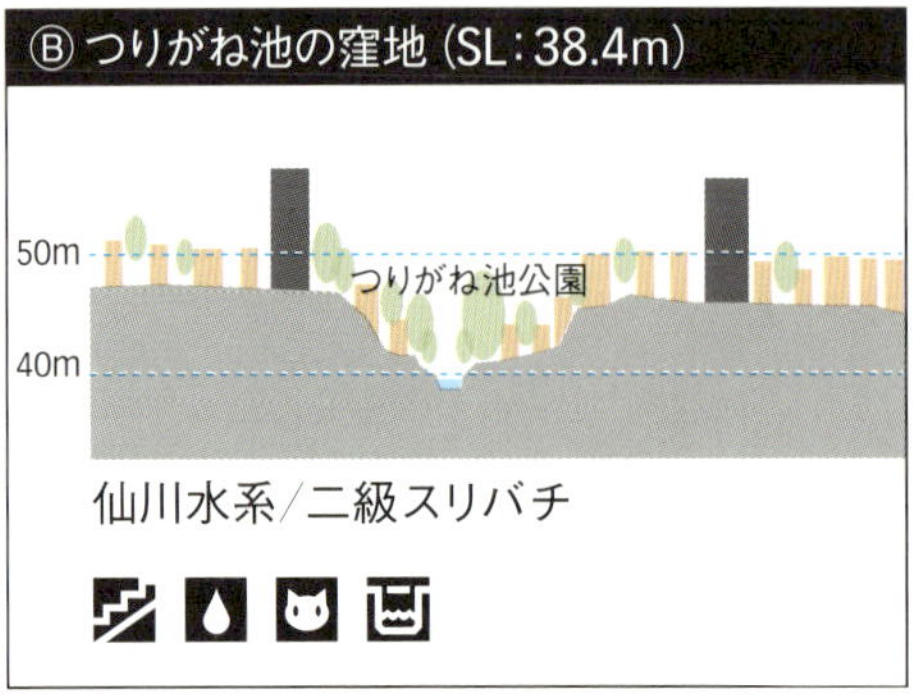

耕雲寺下の暗渠路　仙川支谷のスリバチ状の窪地へと誘う暗渠路（世田谷区砧7丁目）

な池があるが、これはグラウンドをつくるために沖積地の土を掘ったところ、水が湧き出して池になったものだという。規模は違えども、成り立ちは東京大学本郷キャンパスの三四郎池と同類である。中ノ島を持つ自噴池が、弁天池ではなくドーナツ池とネーミングされたところが成城らしい。

仙川の現在の水路はコンクリートで垂直護岸化されてはいるが、川の蛇行した痕跡が道路として残る。その水路跡らしき道路から枝分かれする小径の先に、小さなスリバチ状の窪地があり、窪地の先端部には耕雲寺というモダンなデザインの曹洞宗の寺院が立っている。耕雲寺は1952年（昭和27）に新宿角筈からこの地に移ってきたもので、高輪の泉岳寺や東禅寺などと同じく、谷戸の最深部、谷頭に立地するスリバチ寺の典型例だ。台地突端の神社と谷頭の寺院は、立地上は対極であるが、地形的な「奥」の特異点という意味においては共通であり、ネガポジの関係とも言えよう。

④ つりがね池の窪地

仙川の両岸は古くから祖師谷の名で呼ばれていた。地名の起こりは、地福寺という谷間の寺の境内に祖師堂があったためとも言われ

つりがね池支流の水路　つりがね池支流に架かる橋（世田谷区祖師谷５丁目）

つりがね池公園　谷頭から湧き出た水を湛えるつりがね池（世田谷区祖師谷５丁目）

る。かつてこの一帯には草原や森が広がっていて、多くの湧水があり、やがてはその水を利用した大蔵田んぼが開拓された。

ここでは、現在でも谷地形を把握しやすいつりがね池を谷頭とする支谷を取り上げておきたい。仙川へ合流するまでの流路は、暗渠や開渠となって容易に辿れ、流路沿いには橋の欄干も見出せる。

本章で紹介した成城三丁目緑地の湧水は崖線タイプだが、つりがね池は典型的な谷頭タイプの湧水池で、都心部にも多く見られる二級スリバチだ。谷頭タイプの湧水とは、湧出力によって湧き頭付近が侵食されて地層が液状化し、地層下部の崩落が徐々に進行することで馬蹄形の谷頭地形を形成するものをいう。

池の名の由来は、古来雨乞いをしても日照り続きで村人が困っていたところ、神のお告げに従ってとある高僧が釣鐘を抱いて池に身を沈めたことによると言われる。近年までこの地では雨乞いの行事が続いていたが、雨水を浸透させてしまう関東ローム層が厚く覆う武蔵野面の台地では、水を得るのに苦労したはずだ。武蔵野台地では西へ行くほど地下水位が低く、それだけ深い井戸が必要だったからだ。その意味でも、水の湧き続けるスリバチ池はとてもありがたい存在だったのであろう。それを彷彿させる言い伝えである。

浄土の地形、風水の地形——称名寺庭園

上野タケシ

「ここが浄土だ」。称名寺（神奈川県横浜市）の浄土式庭園の池の前に来た時に出た言葉である。もちろん浄土なんて行ったことも見たこともない。仏教の思想や美術に特に詳しいわけでもない。何がそう感じさせたのか？　それが「地形」という場の力だった。

　異論もあるだろうが、庭園とは、依頼主、作者、そしてその時代の文化によってつくられた楽園であると言える。「その時代の文化」とはある意味、「時代の流行」ということだ。浄土式庭園はまさにその「時代の流行」だった。

　平安後期は、釈迦の正しい教えがすたれるという末法《まっぽう》思想《しそう》が広がり、如来それぞれが住むといわれる浄土を庭園の中に具現化しようとした時代であった。阿弥陀仏如来が司り、人間が死後に訪れるという遠い西の彼方にある極楽浄土（または西方極楽浄土）を模して、庭園では池を造り、その西側に西方浄土の地として阿弥陀仏如来をまつるお堂を造っていた。宇治の平等院庭園、京都の浄瑠璃寺庭園などがその配置である。阿弥陀仏如来のいるお堂が水面に幻想的に映るなか、池を渡ってゆくという演出の庭園である。

　しかし現存する浄土式庭園の多くは、西側に本堂を配置する西方極楽浄土ではなく、北側が本堂でその手前に池がある場合が多い。ここ称名寺もそうである。鎌倉時代後期作と浄土式庭園としては遅い時期の作庭で、元々はこの地に館を

図1　浄土式庭園の称名寺、西側から阿字ヶ池の平橋と反橋をみる（筆者撮影）

うえの・たけし／建築家
1965年栃木県生まれ。一級建築士事務所上野タケシ建築設計事務所代表。建築設計の仕事以外に、ライフワークで「庭園」研究をする。共著に『快適で住みやすい家のしくみ図鑑』（永岡書店）など

構えた鎌倉幕府の要人、北条実時の持仏堂から始まったとも推測されている。では何を拠り所に浄土を具現化しているのか？ それが大陸文化から輸入され、当時の流行だった「風水」だったのではないか。

荒俣宏『風水先生 地相占術の驚異』にも紹介されている理想の吉相地「局」と比較してみよう。「局」とは、山、川、森、平地などが組み合わさり、エネルギーを逃さない配置をとった完璧な吉相地である。南側以外の三方を山で囲む形で、それが大小の2重の入れ子構造になっている。どのスケールで比べるか難しいが、地形について4方向の山の特徴を抜き出してみると類似点がみえてくる。

称名寺の場合は、金堂のある位置が「穴《けつ》」と言われるエネルギーがたまる場所、ツボのような所と考えると、北側に守護獣「玄武」という亀の怪物で、甲羅みたいなドッシリした山々があり、そこから気のエネルギーが出てきて山のふもとに流れ降りる。それを散らさないように東西南の「砂《さ》」と呼ばれる防護の山として、東側に守護獣「青龍」で、長くたくましくうねっている山脈、西側に守護獣「白虎」で、力づよくあるが龍よりは規模が小さい山がある。そして南側に守護獣「朱雀」という火の鳥で、鳥が翼を広げて舞い立つような感じの池があり、ここはエネルギーを留めておく役目になっている。さらに惣門の横にある山か塚のような所が「案山、朝山」といった気を留める小さな山のようにもみえる。実際の風水は、地形を塔や樹木で補ったり中和したりして対処していくものでもあって、完全に読み解くのは難しいが、襟巻のように山が連なる称名寺の地形は、たしかに金堂にエネルギーが集まるように配置され、各方向の守護獣の性質は一致している。

浄土という楽園をつくるのに、風水の地形を利用した。それが流行だったのかわからないが、どちらも時代に関わらず人間が共通して安らぎを感じ、楽園をつくるのに適した地形ではないかと思っている。

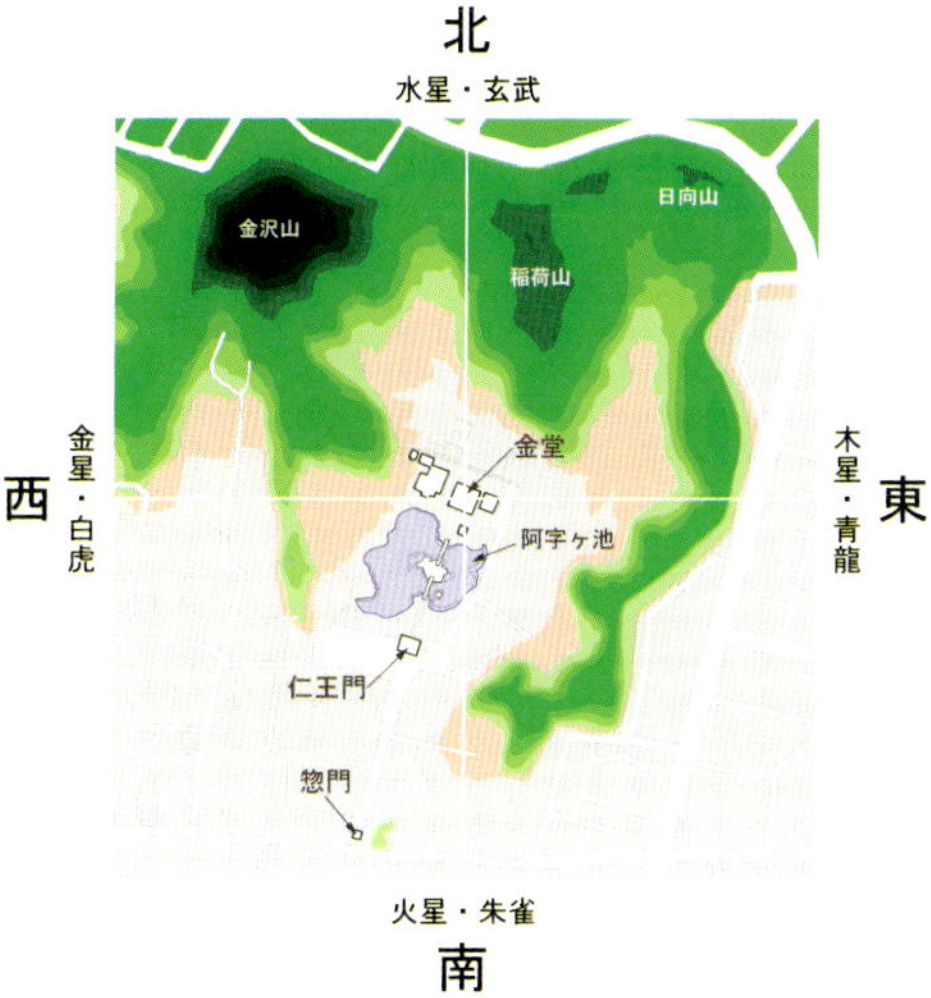

図2 称名寺の地形図。東西南北それぞれに、5行の星と守護獣がわりふられている（筆者作製）

台地と低地の狭間で

観光名所としての谷
谷中・根津・千駄木

Yanaka & Nezu & Sendagi

西日暮里駅
開成高
諏方神社
動坂下
稲荷坂
動坂
不忍通り
道灌山通り
富士見坂
天祖神社
よみせ通り
法光寺
本行寺
日暮里駅
文京区
吉祥寺
谷中銀座
(やなかぎんざ)
②須藤公園の窪地
長明寺
藍染川
須藤公園
団子坂
千駄木駅
森鷗外記念館
世尊院
大圓寺
本駒込駅
団子坂下通り
三崎坂
①藍染川の谷
③ふれあいの杜の窪地
千駄木
ふれあいの杜
へび道
白山神社
白山上
鶏声ヶ窪
東京メトロ南北線
あかじ坂
日本医科大学
千駄木2丁目
一乗寺
上野桜木
白山駅
京華通り
浄心寺坂
三浦坂
根津神社
谷中清水町公園
④根津神社の窪地
⑤清水町の窪
東京メトロ千代田線
言問通り
善光寺坂
胸突坂
お化け階段
東大前駅
蓮津院
指ヶ谷
根津駅
白山通り
伊賀坂
弥生坂
妙極院
上野動
東京大学
本郷キャンパス
曙坂
⑥上野動物園東園の窪
弥生二丁目遺跡
本郷弥生
都営三田線
新坂
清水橋
暗闇坂
西片公園
暗闇坂の窪地
清水橋下の谷
花園稲
宗賢寺
東京大学
医学部
付属病院
本郷通り
心字池
(三四郎池)
新坂
三四郎池の窪地
弁
源覚寺
西片
胸突坂
梨木坂
不忍
堀坂
長泉寺
東京大学
本郷キャンパス
鐙坂
本妙寺坂
菊坂の谷
春日駅
炭団坂
菊坂

谷中・根津・千駄木は、２つの台地に挟まれた、湾曲するなだらかな谷間に広がる町である。底面の広い谷を流れていたのは藍染川で、上流域では谷田川（谷戸川・境川とも呼ぶ）とも呼ばれた。この川筋には元々、石神井川が流れていたということを「王子」の章ですでに触れた。本章では、散歩本でもたびたび紹介される、この藍染川沖積地の魅力を地形から読み解きたい。

現在の藍染川は他の都市河川と同じく暗渠化され、流路の痕跡は、商店街の「よみせ通り」や、住宅地で蛇行する「へび道」に見出すことができる。谷中はその名の通り谷あいの町で、戦災による被害が少なかったため、木造家屋や寺院、そして古い路地が数多く残る、都心でも貴重な界隈なのだ。最近では、レトロな東京を味わえるだけでなく、古い商家を若手の店主が改装したギャラリーやセレクトショップ、カフェなども散見され、ぶらぶらと散策も楽しい観光スポットに育っている。今でこそガイドブック片手に訪れる人も多くなったが、これは１９８４年に創刊された『地域雑誌　谷中根津千駄木』、通称『谷根千《やねせん》』（２００９年休刊）の功績が大きい。「谷根千」の名はもちろん「谷中・根津・千駄木」の略称から生まれたもので、自分たちが住む町の情報発信から始まり、地域コミュニティ創生へ

右＝**よみせ通りの賑わい**　夕暮れ時で活気づく「よみせ通り」は藍染川の流路にあたる（台東区谷中3丁目・文京区千駄木3丁目）／左＝**谷中の路地**　藍染川沖積地には路地と木造家屋が今でも多く残り、観光で訪れる人も多い（台東区谷中3丁目）

結びついた地域雑誌の好例だ。住む町を愛する地元住民の活動が、町を元気にした好例として、日本各地での村おこし・町おこしの参考ともなっている。

さて地形の話に戻ると、根津とは津（海）の根っこの意味ともされ、縄文海進期にはこの辺りまで海が入り込んでいたともされる。藍染川は不忍池へ流れ込むが、不忍池は東京湾につながる入海の名残と言われる。現地に行くと、池の南にある仲町通りが微高地となっており、池の下流側を塞ぐ格好となっているのが分かる。この微高地こそ、奥東京湾を成していた海が後退していく途次に、海岸線近くでつくられた砂州なのだ。ちなみに不忍池の名は、江戸期に上野山が忍ケ丘とも呼ばれていて、それに対応する池として名付けられたそうだ。

その忍ヶ丘と呼ばれた上野の台地は、広大な平坦面を持つ台地である。現在では上野恩賜公園となり、多くの美術館や博物館が集まる文化の薫る丘ではあるが、江戸時代は言わずと知れた徳川将軍家の菩提寺、寛永寺のあった丘として有名だ。

1625年（寛永2）、黒衣の宰相・天海僧正の具申により、江戸城の北東方向、すなわち鬼門である上野台に「東叡山寛永寺」が建

不忍池を塞ぐ砂州　不忍池下流側にある砂州と思われる微高地（台東区上野2丁目・文京区湯島3丁目）

不忍池と上野の台地　不忍池は縄文海進期には東京湾の入江だった。池の中央に弁天島がある（台東区上野公園）

立された。京都御所と比叡山との関係構図を再現し、東の比叡山としての山号が付けられた。さらに寺号は、延暦寺が延暦時代の造営なのに対し、寛永時代の縁起なので「寛永寺」と命名されたのだ。山の麓に琵琶湖をなぞらえた不忍池が、そして竹生島に模して辯天堂が設けられた。境内にある清水観音堂は京都の清水寺を擬したもので、不忍池を望む絶景スポットだった様子が歌川広重の浮世絵『江戸名所百景』でも描かれている。現在は斜面に木々が生い茂り、清水の舞台からの眺望は残念ながら遮られている。

江戸時代、寛永寺は芝の増上寺と並ぶ将軍家の墓所として権勢を誇ったが、幕末の1868年（慶応4・明治1）、寛永寺を守る彰義隊と官軍との戦い、いわゆる上野戦争で、伽藍のほとんどを焼失してしまった。明治の時代に変わってからは、オランダ医師ボードワンの意見を取り入れて日本初の公園に指定され、現在に至る。

① 藍染川（谷田川）のおおらかな谷

上野台と本郷台を分断する藍染川（谷田川）の谷は、かつての石神井川が侵食した大きな谷だ。商店街や下町の広がる氾濫原が平面的な広がりを持つのは、豊富な流量を誇る石神井川が元々はここを

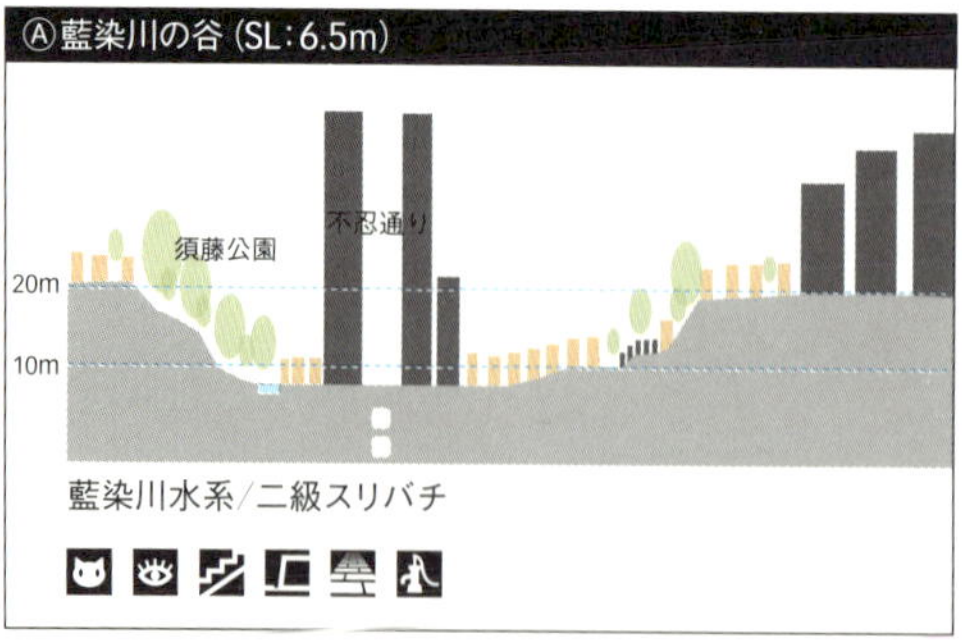

崖上の清水観音堂　京都の清水寺を模したお堂と舞台。かつては不忍池を一望できた（台東区上野公園）

流れていたからである。この界隈では、「よみせ通り」のような商店が連なる賑やかな街路や細い迷路状の路地が絡まり合い、古い木造家屋が商店やギャラリーなどに転用され、行くたびに発見のある町である。

谷は非対称谷の性状を持ち、西向き斜面が比較的なだらかだ。谷へと下りる坂道には、「夕やけだんだん」をはじめ、富士見坂、善光寺坂、三崎《さんさき》坂など、名物の坂道や階段も多い。また、台地と谷地の際には長明寺や大圓寺など、江戸時代からの古い寺院が70以上も連なり、都内有数の寺町を形成している。

一方、反対側の東向き斜面、本郷台地側は崖を成す場所が多く、数か所で小規模な窪地が崖線を抉っている。かつては、中腹からの湧水が細流となって、藍染川に注いでいた。

② 須藤公園の窪地

谷中の右岸、本郷台地の崖線に刻まれたスリバチ状の窪地を北から順に巡ってみよう。まずは、団子坂北の小さな窪地にある須藤公園だ。滝が注ぐ池の中央に弁財天の祠堂が祀られて、急峻な東向き斜面には常緑の大木が谷を見下ろしている。弁財天のある池は、本

右＝**谷中のへび道**　蛇行した藍染川の流れをそのまま道にしたという通称「へび道」（台東区谷中2丁目・文京区千駄木2丁目）／左＝**台地から谷中を望む**　上野の台地から望むと、谷中の町は谷の中にあることが分かる（荒川区西日暮里3丁目）

郷台地から湧き出た清水を活かしたもので、公園系スリバチの典型である。

この池と庭園は、江戸時代は加賀藩の支藩である大聖寺藩下屋敷の回遊式大名庭園だったもので、明治維新後は第一次松方内閣の内務大臣を務めた品川弥二郎の邸宅となった。その後、実業家の須藤吉左衛門が所有、1933年に東京市に寄付されたものだ。公園の名はこの厚意を伝えるために付けられたものである。

③ ふれあいの杜の窪地

団子坂の中腹、区立森鷗外記念館脇から入る、藪下通りという崖上の細い道がある。建物の隙間からは谷中の谷と彼岸の丘が垣間見える。この道こそ、永井荷風も『日和下駄』のなかで「東京中の往来の中で、この道ほど興味あるところはないと思っている」と記した小路なのである。

藪下通りを南へと進むと、崖下へと下りる急な階段があり、窪地には「千駄木ふれあいの杜」として開設されている緑地がある。鬱蒼とした緑に包まれた池では現在湧水を

右＝**須藤公園の弁天池**　スリバチ状の窪地の真ん中には弁天池が残る（文京区千駄木3丁目）／左＝**千駄木ふれあいの杜**　崖下の池跡は鬱蒼とした緑に包まれ日中でも薄暗い（文京区千駄木2丁目）

見ることはできないが、かつては幾筋かの湧水が小さな流れとなって藍染川に注いでいたという。

地元では「屋敷森」とも呼ばれるこの緑地一帯は、江戸時代には太田道灌の子孫である太田摂津守の下屋敷だった場所だ。当時は日本医科大学から世尊院辺りまでを含む広大な敷地で、太田ヶ池と呼ばれた大きな池も屋敷内にあった。大変に風光明媚な場所だったようで、近くには森鷗外や夏目漱石ら文人が住まいを構えた。漱石の『吾輩ハ猫デアル』の吾輩もまた、スリバチ下の屋敷林から迷い出て、苦紗弥先生の家に住み着くのだった。

ちなみに千駄木ふれあいの杜は、所有者の厚意で文京区との間に市民緑地契約が結ばれ、2001年（平成13）より一般公開されている、山手線内で唯一の市民緑地である。

④ 根津神社の窪地

根津神社は、江戸時代にはその名を根津権現社といっていたが、明治の神仏分離後、根津神社と改称したものだ。

立地特性としては、崖下の湧水を境内に引き込むという、

崖下の根津神社　崖下の湧水を集めた流れに架かる参道の太鼓橋（文京区根津1丁目）

寺院あるいは大名庭園のパタンを示す。それもそのはずで、元々は千駄木村（団子坂上の北側辺りとされる）にあった社地を、甲府宰相徳川綱重が現在の地に移したもので、この一帯は大名屋敷（大名庭園）だったのだ。そして、この綱重邸で六代将軍徳川家宣が誕生する。将軍生誕のこの窪地は、1706年（宝永3）に社殿が造営されたのをきっかけに江戸の名所の1つとなり、門前に岡場所ができ、明治中期まで根津遊郭として存続してきた。

⑤ 清水町の窪地

谷中を望む上野台地の西には、明暦の大火以降に移転してきた寺院の伽藍が並んでいる。藍染川右岸の斜面が崖状なのに対し、上野台地側の左岸は比較的なだらかな斜面が続く。夕陽に染まる趣ある寺町を巡るのも、谷根千の町歩きの楽しみの1つである。

さて、池之端4丁目、一乗寺前の小さな窪地を紹介しておきたい。この窪地の谷頭は谷中清水町公園となっていて、窪地へと下りる階段が公園内にある。武蔵野面に属する上野台地では、淀橋台と異なり局地的な谷戸地形は少ないので、この界隈では貴重なスリバチ地形と言える。清水町の名も、かつては水の湧く窪地だったことを思わせる。

⑥ 上野動物園東園の窪地

上野動物園東園は、上野台地の数少ない窪みを巧みに活かし、スリバチの3類型には属さないユニークな世界を構築している。平らなスリバチの底を休憩広場（藤棚休憩所）に利用し、3方向を囲む谷壁斜面に動物たちの居住区が配置されている。それぞれの居住区は、サル山やクマの丘など、土地の高低差をうまく活用した個別の世界が創出され、見る側も様々な視点から動物たちを観察できる。さらには、動物たちの居住区に限らず、窪地の斜面から湧き出ていたと思われる川の流れも自然な感じで復元され、谷マニアの期待に応えているのだ。上野動物園では、パンダやゴリラを眺めるのもいいが、上野台のスリバチ地形の醍醐味も味わいたい。

上＝**清水町の窪地**　清水町公園内から窪地に広がる住宅地へと下りる階段（台東区池之端4丁目）／下＝**上野動物園東園の谷**　上野動物園東園では、谷戸地形を活かした風景がつくられている（台東区上野公園）

台地と低地の狭間で

微地形で探る谷

根岸・鶯谷・浅草

Negishi & Uguisudani & Asakusa

スリバチエリア
坂
川跡・暗渠
旧用水路
神社・寺
断面位置をあらわす

[標高]

0m 1m 2m 3m 5m 10m 15m 20m

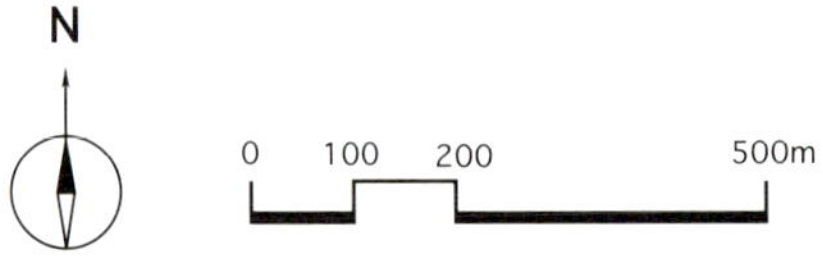

JR常磐線
三ノ輪橋跡
浄閑寺
(投込寺)
目黄不動尊
(永久寺)
三ノ輪駅
明治
荒川区
日暮里中央通り
尾竹橋通り
善性寺
将軍橋
御行の松
不動尊
下根岸稲荷神社
千束稲荷神社
昭和通り
つくばエクスプレス
音無川
①音無川の微高地
三島神社
永稲寺
千手院
JR東北・上越新幹線
JR山手線・常磐線・京浜東北線
寛永寺坂
元三島神社
金杉通り
東京メトロ日比谷線
朝日辨財天
西徳寺
吉原神社
吉原辨
②吉
寛永寺
小野照崎神社
③千束池の低地
鶯谷駅
京成本線
入谷駅
千束坂
国際通り
新坂
入谷鬼子母神
言問通り
台東区
西浅草3丁目
上野恩賜公園
曹源寺
(かっぱ寺)
かっぱ橋道具街
首都高速1号上野線
花
清洲橋通り
浅草駅
上野駅
新堀川
東本願寺
上野駅
稲荷町駅
東京メトロ銀座線
雷門
上野広小路
下谷神社
菊屋橋
田原町駅
⑤下町の広小路

武蔵野台地の凹凸が東京の個性を育んでいることを紹介してきたが、下町低地に残る微細な起伏に着目しても、江戸・東京の歴史や営みが見え隠れし、興味は尽きない。この章では下町低地の微地形が奏でるエピソードを紹介してゆきたい。

「上野」の地名に対峙するように、台地の麓には「下《した》谷《や》」の町が広がっている。切り立った上野台地の突端にある諏方神社境内からは、荒川低地の下町を一望できる。平坦と思われる下町低地の起伏を巡る旅は、地名をヒントにこの一帯からはじめよう。

上野寛永寺の足元、「根岸」の名は、かつての江戸湾奥の海岸線、沼地の岸から「根岸」と呼ばれるようになったものと言われている。根岸から金杉、三ノ輪にかけては、細長い微高地で、正式には根岸砂州と呼ぶ。これは、沿岸流によって運ばれた砂などが堆積してできた高まりで、かつては上野台地の直下まで海が入り込んでいたことを物語っている。根岸や金杉は洪積台地と沖積低地の中間に位置する特殊な地質をもち、

右＝**諏方神社**　台地の下は広大な荒川低地が広がっている（荒川区西日暮里3丁目）／左＝**音無川の流路跡**　根岸砂州をゆらゆらと続く音無川の流路跡は区界でもある（荒川区東日暮里4丁目・台東区根岸4丁目）

下町低地の中でもいち早く陸地化したため、町の歴史も室町時代まで遡ることができる古い土地柄だ。江戸時代には、この微高地を辿って千住大橋へと通じる日光街道が築かれ、道の両側に町屋が並んで賑わった。砂質からなる自然堤防の微高地は、泥質の沖積地よりも地盤としての支持力がすぐれているため、関東大震災の時も周辺地域より家屋の被害が少なかったという。そして第二次大戦の災禍も免れたため、看板建築と呼ばれる震災復興時の町屋建築が街道沿いに軒を連ねているのも特徴だ。

根岸は江戸時代、江戸の中心部から約1里半（6㎞）の距離にある閑静で風雅な地として、日本橋界隈の大店の寮や別荘、ご隠居さんの住まいがあり、「根岸の里のわびずまい」よろしく、文人墨客、粋人が多く住みついた。そんな里のイメージは時代を経ても色褪せることなく、明治になっても岡倉天心や正岡子規らがこの里に住まいを構えたのだった。

地形を匂わす地名としてもう1つ、鶯谷も取り上げ

根岸の町並み　金杉通りには古い商家もいくつか残り、街道筋の面影を伝える（台東区根岸3丁目・下谷2丁目）

ておこう。JRの駅名にもなっている「鶯谷」の名は、元禄の頃、代々京都から招かれていた寛永寺の住職が出した「江戸の鶯はなまっていて聞き苦しい」という無茶なクレームを発端としている。生態系をも脅かす大量の鶯が京都から運ばれ放たれた結果、上野の山の麓の根岸一帯は鶯の名所になったのだという。地形的には上野台地と根岸砂州の間の、谷間と言えなくもない低地が鶯谷だ。

①音無川の微高地（根岸砂州）

根岸砂州を流れていた音無川（石神井用水）は、飛鳥山の北側に石堰《いしぜき》（ダム）を設け、石神井川の分流を導いたものだ。下町低地を潤すため、石神井用水とも下郷用水とも呼ばれた。1934年に暗渠化され、その痕跡はほとんど残っていないが、善性寺の山門前に「将軍橋」と名が刻まれた石橋が残されている。根岸砂州の尾根筋をゆらゆら蛇行しながら三ノ輪橋まで流れ、低地に出てからはほぼ南東へと向きを変え、隅田川に注いでいた。浄閑寺（投込寺）前の国道4号線（かつての日光街道）が渡る場所には三ノ輪橋の橋跡が残されている。

音無川は下流部では山谷堀（または今戸堀）と呼ばれ、頻発する隅

三ノ輪橋跡　歩道には三ノ輪橋跡の花崗岩（縁石）が残る（荒川区東日暮里1丁目・台東区三ノ輪2丁目）

将軍橋の痕跡　善性寺の山門前に音無川に架かっていた橋が保存されている（荒川区東日暮里5丁目）

田川の洪水から浅草を守るために、待乳山《まっちやま》を削って南岸のみに日本堤と呼ばれた土手が築かれた。

②吉原の微高地

現在の住居表示では千束4丁目にある長方形の微高地が吉原遊郭のあった場所で、千束池の湿地帯に土盛りをして築かれた人工の丘である。各地に自然発生的にできた遊里を、治安や風紀上の問題から1618年（元和4）、葭しか生えていなかった湿地（現在の人形町辺り）に集めて公許の遊郭をつくったのが葭原の起源だ。これが後にめでたい地名として「吉原」と改称された。ところが、ここも風紀が悪くなってきたということで、1657年の明暦の大火で焼けたのを機に、今度は千束の田圃の中へ移転してきた。これが新吉原、現在見られる微高地の場所である。

新吉原があった微高地の北には日本堤の土手が続き、この一帯が湿地だった頃は、この土手が吉原の大門に通じる唯一の道であった。一方、日本堤に沿うよう築かれた山谷堀と隅田川を介せば、浅草と新吉原は水路で結ばれていた訳だ。

山谷堀は1958年（昭和33）に吉原が廃止された後、徐々に埋め

山谷堀と紙洗橋　山谷堀の流路跡は山谷堀公園として整備され、紙洗橋の親柱が保存されている（台東区東浅草1丁目）

吉原の段差　お歯黒ドブのあった吉原との境界部に段差が今でも残る（台東区千束4丁目・竜泉3丁目）

立てられ、現在は山谷堀公園となっている。公園には、山谷堀に架かっていた橋の親柱が保存されている。その1つ「紙洗橋」付近では、ちり紙として使われていた浅草紙がつくられていた。その紙すき職人が、紙を山谷堀に浸けて冷やすちょっとの間に吉原を覗いたことから、「ひやかし」という言葉が生まれた。

③ 千束池の低地

音無川の微高地と浅草微高地（自然堤防）の間、現在の入谷・竜泉・千束付近一帯の後背湿地には、千束池という大池が広がっていたとされる。天正年間以降に埋め立てられ、かつての池の中央に築かれたのが千束堀川で、吉原の微高地南で山谷堀から分かれ南へ流れていた。湿地であった低地部の排水路を兼ねていたとされる。下流部は新堀川とも呼ばれ、1933年（昭和8）に埋め立てられ、かっぱ橋道具街通りとなった。かっぱ橋道具街は、明治の末期に古道具を取り扱う店の集まりから発生し、戦後に今のような料理飲食店器具や菓子道具を販売する、世界でも珍しい

右＝**朝日辯財天**　かつての広大な池は、関東大震災の瓦礫処理でそのほとんどが埋め立てられ、僅かに残された弁天池が記憶を伝える（台東区竜泉1丁目）／左＝**伝法院庭園**　小堀遠州築庭の回遊式庭園。近くにあった大池やひょうたん池が埋め立てられてできた町が通称六区（台東区浅草2丁目）

専門商店街となった。この界隈は微細な起伏が町中に残り、周囲よりも僅かに窪んだ朝日辯財天の小さな弁天池が、かつての千束池の名残を留めている。

また、浄閑寺で音無川から東へ別れ、現在は明治通りとなっている経路には、かつて思川という細流が隅田川まで続いていた。交差点に名を残す「泪橋」は、漫画『あしたのジョー』の舞台となった場所として知られる。この辺りから南側の低地部が、かつてドヤ街と呼ばれた山谷地区で、今では低料金で宿泊可能な簡易宿泊所を利用するため、外国人観光客も多く訪れる町となっている。

④ 浅草の微高地と待乳山の丘

浅草は、徳川家康や太田道灌が江戸に入った頃にはすでに、大川（隅田川、かつての利根川）河岸の浅草湊として栄えていた歴史ある町だ。武蔵野台地表面を流れる河川とは桁外れな大河に接する故、水害のリスクの少ない自然堤防に発達した古い集落を起源とする。『浅草寺縁起』では、仏教伝来（538年）から100年足らず、平城京より古い

花川戸公園　花川戸公園では、かつてあった姥ヶ池の存在を伝えるために池が復元された（台東区花川戸2丁目）

628年に、大川で観音さまを収得、それを本尊に祀ったのが金龍山浅草寺とある。もし事実であれば、上野の山で寛永寺の造営が始まったのは1622年だから、浅草寺の歴史的古さは江戸の中でも別格だったのだ。

浅草寺の西隣には伝法院があり、境内には現存する心字池の他にも、大池やひょうたん池など複数の池があった。浅草寺と隅田川の間にあった姥ヶ池《うばがいけ》という大池は、周辺の都市化に伴って1891年（明治24）に埋め立てられた。花川戸公園内には、その記憶を伝えるために池が復元されている。

浅草の微高地と連続した北方には、待乳山という小高い丘があり、山の上には待乳山聖天が祀られている。待乳山は元来、真土山と書いたとされ、武蔵野台地と同じ洪積層がその由来だという。

浅草一帯に寺院が多いのは、明暦の大火後、江戸中心部にあった寺院をこの地に集中移転させたことによる。

⑤ 下町の広小路

待乳山聖天公園　待乳山は隅田川の自然堤防（微高地）（台東区浅草7丁目）

上野台地の東側に上野広小路（本来は下谷広小路と呼ぶ）という広幅員の通りがある。関東大震災後の震災復興事業で整備されたものだが、起源は江戸時代の火除地に遡る。江戸の下町は、町人や職人の住居が密集していた上、そもそも木と紙でできた家だから度々大火に見舞われ、多くの死者を出していた。特に本書でも何度か触れている1657年の明暦の大火では10万人を超える死者を出したと言われ、当時の復興都市改造の一環として、火災の延焼防止の目的で火除地（広小路）が設置された。同じ時期に設けられた火除堤・火除明地も同じ目的である。

　広小路は上野の他にも、小川町や外神田、両国、芝赤羽など、被害が甚大だった下町低地に設置された。江戸時代は移動可能な店は許可されたため、屋台や芝居小屋も設けられ、都市の盛り場となった場所も多い。ちなみに山の手の下町、渋谷東口に長く連なる宮下公園も、震災復興で整備された延焼防止のための防火帯としての公園である。

上野広小路　江戸時代の火除地を引き継いだ上野広小路。遠方は上野の丘（台東区上野2丁目・4丁目）

谷の真打 下末吉

Shimosueyoshi

- - - - - スリバチエリア
坂
川跡・暗渠
旧用水路
⛩ 卍 神社・寺
断面位置をあらわす

[標高]

0m	25m
10m	30m
15m	40m
20m	50m

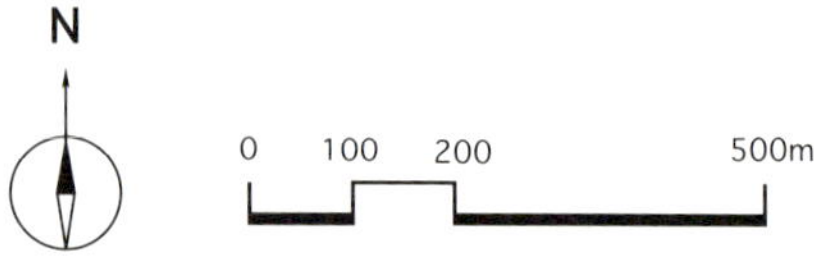

⑦三ツ池公園の谷
水神
三ツ池公園
水道局
末吉配水所
末吉不動尊
⑧東斜面のスリバチ
二ツ池
愛宕神社
下末吉
獅子ヶ谷
妙光寺
別所交番前
④鐙窪の谷
渋沢稲荷
旭小学校入口
鶴見区
⑥渋沢稲荷下の谷
B
A
鶴見獅子ヶ谷通り
響橋
熊野神社
馬場神明社
鶴見配水池
馬場3丁目
馬場花木園
水道道
寺尾城址
馬場稲荷
①總持寺裏の谷
第二京浜
共同墓地の窪地
⑤入江川の谷
入江川
向谷交番前
入江川せせらぎ緑道
白幡神社
③岸谷公園の谷
東寺尾配水池
岸谷公園

圧倒的な谷の密度である。

さすが、「典型的な地形が見られる模式地」とみなされ、学術用語「下末吉面」の元となった場所だけのことはある。お待ちかね、スリバチの真打・下末吉（神奈川県横浜市鶴見区）の登場だ。

それにしても美しい地形図である。注目すべきは台地面がほとんど平坦であること、そして谷がスリバチ状なことだ。台地が平坦なのは、地表面を覆っているローム層の基底に平らな洪積世の海底堆積層（下末吉層・東京では東京層と呼ぶ）があるためで、この地層は古多摩川が削り残した古代の丘である。そして、その上部に厚く堆積する関東ローム層（火山灰が堆積した層）は水分を含むと崩落しやすくなるため、崖状の崩落面を形成する。そして谷底には、川の運んだ堆積物が平らな沖積層を形成する。斜面が崖状で、谷がスリバチ状なのはその為である。簡単におさらいすると、武蔵野台地は離水時期によって、形成年代が古い面から、下末吉面・武蔵野面・立川面と地形史で区分されている。下末吉面の谷は形成が古い分、谷が深く、分岐する谷も多いのが特徴とされている。東京では淀橋台と荏原台がこの下末吉面に属しており、「スリバチ状」と形容するにふさわしい谷を多く観察できるのがこの2つの台地であること

渋沢稲荷下の谷を望む　うねる様な凹凸地形を住宅が満たす（横浜市鶴見区北寺尾4丁目）

入江川上流部の谷　東京のスリバチと比べても高低差が激しいことがよく分かる（横浜市鶴見区馬場4丁目）

は、これまで紹介してきた通りである。

　さて、地形の説明はこのくらいにして、楽しみいっぱいのフィールドへ出かけてみよう。百聞は一見に如かず。「書を捨て谷へ出よう」である。

① 總持寺裏の谷・射撃場の窪地

　鶴見獅子ヶ谷通りを鶴見駅から西へと向かうと、切通しによって台地を越え、緩い谷筋を渡る。この一帯は住居表示上で寺谷と呼ばれる。谷は上流部で複数の支谷に分かれ、それぞれ興味深い二級スリバチ景観を呈す。その特徴とは、マンションや学校、団地など、比較的大規模な建築が谷を埋めていることだ。さらに台地面は戸建て住宅の多い、対照的な土地利用で、都心における地形と建物の関係とは対極をなしているとも言える。

　獅子ヶ谷通りの下流側には、かつて「寺谷の大池」と呼ばれた水田灌漑用の池があった。その多くは昭和初めの宅地造成の際に埋められたが、かつての記憶をとどめるように小さな池がポツンと住宅地の中に残されている。池の中島には弁天様が祀られ、池畔の高台では熊野神社の杜がこの谷地を見守っているかのようだ。

總持寺裏の谷　狭い谷を高台から眺める。対岸の堂宇は總持寺（横浜市鶴見区東寺尾中台）

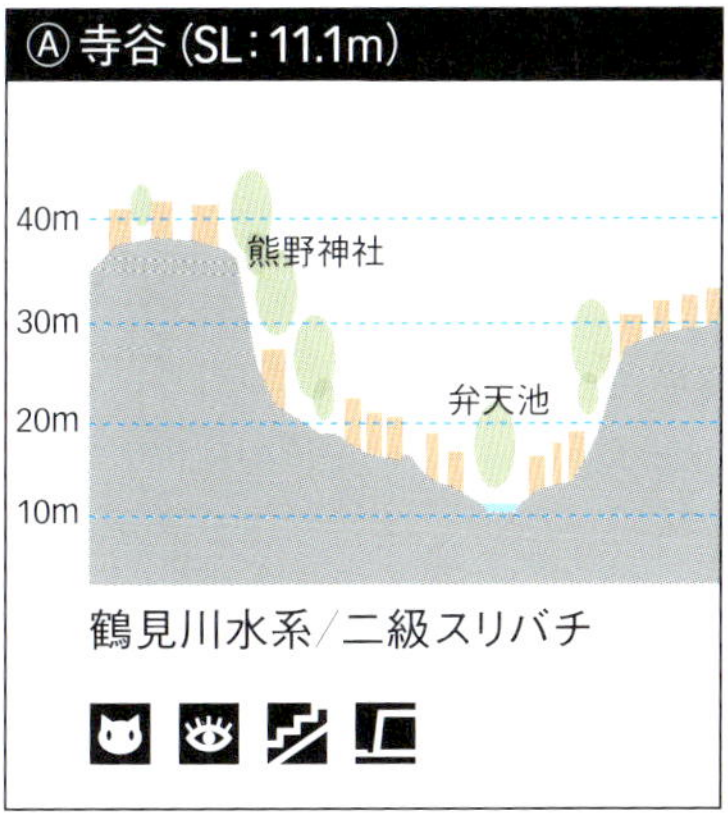

この他の支谷も個性が際立つ。總持寺大祖堂の裏手にRC造の中層団地が連なる小さな窪地があるが、この谷はかつて鶴見猟友会の射撃場だった窪地で、昭和の初期まで射撃の大会が数多く行われていた。

その南には4方向を閉じられた完全なる窪地があり、共同墓地(一級スリボチ)として活用されている。この辺りの支谷では、かつての流路跡はほとんど確認することができない。

②總持寺と天王院の窪地

8万坪にも及ぶ広大な寺域を誇る曹洞宗の大本山・總持寺は、鶴見が丘と呼ばれる台地を抉り取ったような谷地に建立されている。三門をくぐり、谷戸の参道を登ると姿を現す堂々とした仏殿には、まさに圧倒されるものがある。

また、總持寺の北には天王院という窪地にすっぽりと納まった平安時代創建の寺院もある。境内には井戸が残され、谷頭まで墓地が埋め尽くす様は周囲の丘から見ても圧巻だ。

③岸谷公園の谷

共同墓地の谷　共同墓地に利用されている總持寺裏の小さな谷戸(横浜市鶴見区東寺尾中台)

寺谷の弁天池　宅地開発で残された池の中島には弁財天が祀られている(横浜市鶴見区東寺尾中台)

花月園競輪場があった台地の西には、岸谷と町名の付く大きな谷戸が横たわる。谷の出口（谷口と呼ぶ）にあたる岸谷公園市営プールのある場所には、七曲旧池と呼ばれた溜池が、またその下流側には泉池という別の溜池もあったとされ、いずれも灌漑目的の溜池だったと思われる。岸谷公園自体が周囲を丘で囲まれたスリバチ地形の底にあり、公園の広場から谷頭方向を見渡すと、丘の斜面に階段状に連なる住宅群が公園を見下ろす様子が分かる。それはあたかも劇場のステージから観客席を仰ぎ見るような光景だ。反対に丘の

上＝**總持寺の三門より**　谷の出口に構えられている總持寺の三門（横浜市鶴見区鶴見２丁目）／下＝**スリバチの底にある岸谷公園**　谷の出口にあたる岸谷公園より谷頭方向を見る（横浜市鶴見区岸谷３丁目）

岸谷の眺め　谷頭付近の高台から岸谷の谷を一望する（横浜市鶴見区岸谷３丁目）

右＝**鐙窪を望む**　下末吉面を上り下りする長い坂道が続く。坂下にあった鐙池の痕跡は見当たらない（横浜市鶴見区下末吉6丁目）／左＝**入江川せせらぎ緑道**　入江川は暗渠化され、人工のせせらぎが再現されている（横浜市鶴見区東寺尾1丁目）

上に上れば、谷越しに遠く横浜の港まで見渡せる圧倒的な絶景が広がる。

④ 鐙窪の谷・別所池の谷

国道1号線（第二京浜）は急峻な下末吉の台地を越えるため、谷筋のルートを辿ることで、道路勾配の緩和に地形を活用している。その下末吉の台地の麓、谷の出口に当たる場所には、別所池という灌漑用の池があった。さらにその上流部には鐙池と呼ばれた池もあり、この周辺一帯を「鐙窪《あぶみくぼ》」と呼んでいた。住居表示上はこの谷筋より北が下末吉ではあるが、南側の諏訪山と呼ばれる台地においても、下末吉面の典型的地形を観察することができる。

⑤ 入江川の谷

かつては豊富な湧水が谷戸から流れ込んでいた入江川も、東京の河川と同じく、周辺地域の都市化による水質悪化のために現在は流域の多くが暗渠化されている。その上流部、入江川せせらぎ緑道と呼ばれる遊歩道では、神奈川水再生

馬場花木園　スリバチ状の谷間を活かした馬場花木園。池は谷戸の湧水を利用したもの（横浜市鶴見区馬場２丁目）

馬場稲荷の谷　馬場稲荷の先に横たわる窪地は馬場谷と呼ばれた（横浜市鶴見区馬場３丁目）

センターで処理した水によって小さなせせらぎが再現されている。

谷から丘を見上げると、旧寺尾村の総鎮守、白幡神社の鬱蒼とした木々が望める。源氏の軍旗である白旗に因んだ名が示す通り、源頼朝を祀った神社である。入江川本流を挟んで対岸の丘が寺尾城址だが、山頂付近には小さな碑が残るのみで、辺りは閑静な住宅地に変わり、かつての城址の面影はない。ただ、西向き斜面の一角に、城主が成就祈願した馬場稲荷を見出せるのが唯一の痕跡と言えよう。この付近の住居表示である「馬場」はこの稲荷に由来するもので、崖下のバス停に「馬場谷」の名を残す。

この谷筋の北側には舌状の台地が張り出しているが、その痩せ尾根を越えると馬場花木園という谷頭地形を活かした和風の公園がある。園内にある池は谷戸の源流部の湧水を溜めたもので、流れ出た水は入江川に注いでいた。

⑥ 渋沢稲荷下の谷

入江川とその支流がつくった河谷群を見下ろす比高20m

越えの丘の上には、鶴見配水池ポンプ場の施設があり、ドーム形状の配水塔はこの辺りのランドマークともなっている。もう1つ、台地の象徴的な存在は馬場神明社の祀られた杜で、大木の茂る杜は遠くからも丘のよき目印となっている。

神明社の丘より北方に、支谷を伴う広大な谷地が広がり、辺り一帯はかつて澁澤村と呼ばれていた。赤土（関東ローム層）の流れ出る沢が多くあったと連想できる。崖の中腹には村の鎮守だった渋沢稲荷が祀られ、静かに谷を見下ろしている。この付近の谷底では川跡が数か所で確認できるが、柵によって立ち入り禁止の処置がとられているのが残念だ。

川の下流部は「獅子ヶ谷」の町名で呼ばれ、河谷が沖積地と出会う接点に、二ツ池と呼ばれる溜池が残されている。その名の通り、池は中央を土手で2つに区切られ、生態系観察のためにそれぞれ湿地と池とに使い分けられている。

⑦ 三ツ池公園の谷

鶴見川沖積地には豊かな水田地帯が広がっていた。しかしこの流域では満潮の時に海水が逆流するため、鶴見川の水は用水としては

獅子ヶ谷のビュー　二ツ池へと続く細長い谷を、谷頭付近から展望する（横浜市鶴見区北寺尾4丁目）

利用できなかった。代わりに谷戸を灌漑用の溜池に活用することで、水田を維持していたのだ。その名残の代表例が先の二ツ池とこの三ツ池公園であり、これまでに紹介した多くの溜池だ。三ツ池公園には、分岐する支谷を利用した「水の広場」や「里の広場」など、

上＝**二ツ池からの眺め**　二ツ池から谷頭方向を眺める（横浜市鶴見区獅子ヶ谷1丁目）／下＝**三ツ池公園**　三ツ池公園の谷頭の1つ上の池（横浜市鶴見区三ツ池公園）

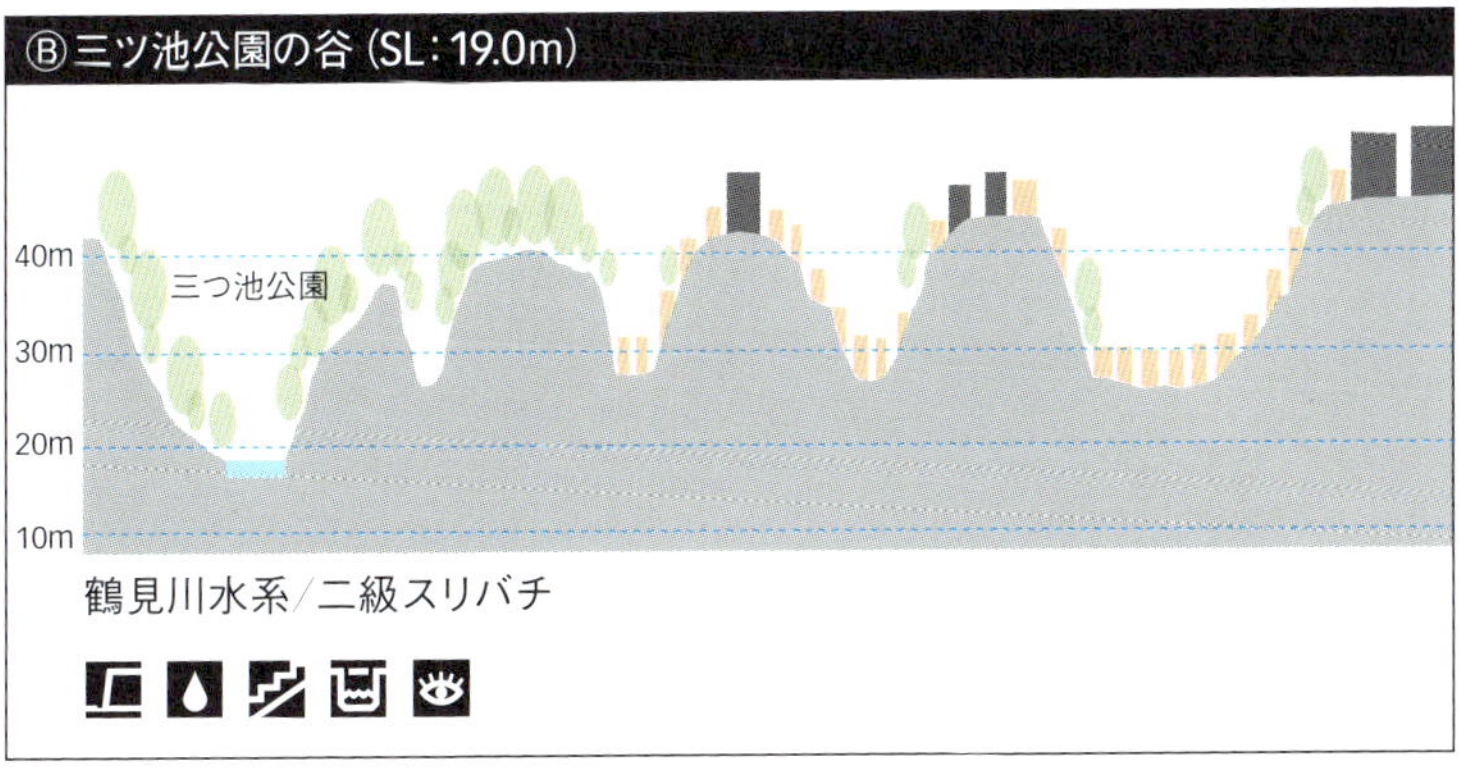

テーマ別の広場が設けられており、ここだけで公園系スリバチのバリエーションを楽しめる。

これら谷戸の池は、灌漑用の役目に加え、大雨が降った際の一時的な貯水池(遊水池)としても期待されていた。多くの谷から水が流れ込む鶴見川の下流域では、多摩川の運んだ小石や砂が河道を塞ぐように低地に砂堆を形成しているため、洪水被害を受けやすい地形だったのだ。現在は日産スタジアム周辺に広大な鶴見川多目的遊水地がつくられて出水に備えているが、かつては谷戸の沼沢地や湿地・水田が、それぞれは小規模ながらも連携して、沖積低地を洪水から守っていた。

これは東京都内でも多く見てきた図式と言えよう。繰り返しになるが、武蔵野台地に点在するスリバチ状の谷戸の多くが、水田として利用されてきた。水田は土地を涵養し、大雨の際の一時的な遊水池としても機能する。小規模ながら分散型貯水池が、洪水被害を軽減させていたわけだ。東京や横浜の谷戸と沖積地は都市化に伴い、水田が宅地に変わり、地表はアスファルトやコンクリートで覆われていった。貯留・涵養のできなくなった谷地では、流れ込む雨水が溢れ、しばしば住宅地を襲う被害を招いた。その対策として河川の流量アップを図る河川の垂直護岸工事や、地下の巨大貯水施設が、多大な投資によって建設され、自然の機能を代替している。

⑧ 東斜面のスリバチ群

鶴見川を東に望む下末吉の台地の端は、急な傾斜の海食崖(波食崖)で、海岸平野と接している。崖線には複数の窪地が刻み込まれ、地形の特異点の存在を示すように、末吉神社、愛宕神社、末吉不動尊、宝泉寺、熊野神社などが台地の突端あるいは谷頭に建立されている。末吉不動尊の不動の滝など数か所では、下末吉ローム層と下位東京層との境から地下水の湧出も見られる。

地形を楽しむ町歩きで思うことだが、社寺の木陰は絶好の休憩スポットとなる。坂の上り下りは確かに大変なのだが、唐突に出会う湧水はスリバチ歩きのオアシスでもある。また、半島状の台地突端は神社として開放されていることも多く、足元に広がる広大な風景を目の前にした時、その開放感で疲れも吹き飛ぶ。そんな休憩スポットにも成り得る聖域がいにしえから引き継がれていることに感謝したい。

末吉不動の滝　崖線から湧き出る水を使った不動の滝（横浜市鶴見区上末吉）

愛宕神社からの眺め　愛宕神社は台地の突端にあり、境内からは広大な鶴見川低地を望める（鶴見区下末吉5丁目）

スリバチの本場

港の見える谷

横浜

Yokohama

スリバチエリア
坂
川跡・暗渠
旧用水路
神社・寺
断面位置をあらわす

[標高]

0m
2.5m
5m
10m
20m
30m
40m
50m

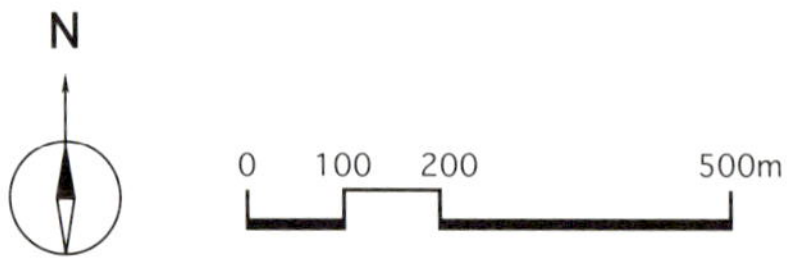

紅葉坂
みなとみらい大通り
万国橋通り
赤レンガ倉庫
桜木町駅
桜木町駅
馬車道駅
本町通り
横浜税関前
神奈川県庁
日本大通り駅
野毛坂
平戸桜木道路
都橋
馬車道
関内大通り
小松川
大岡川
関内駅
日本大通り
みなとみらい線
日ノ出町駅
首都高速神奈川1号横羽線
関内駅
横浜公園
京急本線
JR根岸線
長者町5丁目
①釣鐘状の谷
横浜中華街
派大岡川
伊勢佐木長者町駅
新吉田川
西の橋
日ノ出川
石川町駅
市営地下鉄ブルーライン
④大丸谷
阪東橋駅
横浜橋通商店街
富士見川
中村川
A
車橋
諏訪神社
山手イタリア山庭園
地蔵坂
横浜駅根岸道路
牛坂
蓮光寺
③地蔵坂の谷
首都高速神奈川3号狩場線
横浜共立学園
浄光寺
遊行坂
中村八幡宮
狸坂
柏葉通り
南区
八幡町通り
柏葉橋
②八幡町の谷
山羊坂
柏葉入口
蓮池坂
蛇坂
中丸
山谷
米軍根岸住宅
根岸共同墓地
山手駅

東京・山の手で見られる、平坦な丘と急峻な崖が織りなす独特の凹凸地形は、多摩川を越えて鶴見（下末吉）でも見られたし、横浜に至っても同様の地形が多く観察できる。否、正しく言えば、横浜こそスリバチの宝庫なのである。

平坦な台地と崖線から成る風景は、異国から招かれた地質学者の目には特別なものとして映ったのであろう。その地質学者の名はブラウンス。彼は、ナウマン象に名を残す東京帝国大学の初代地質学教授ナウマンの後任として、1880年（明治13）にドイツから招かれた。開通後間もない鉄道に乗った彼は、横浜から東京へ向かう車窓から、線路から付かず離れず連続する沿岸の峭壁《しょうへき》（峭壁とは切り立った険しい崖のこと）を注視し続けた。彼が注目したのは、台地面と下町低地を隔てる段丘崖（海食崖）が、場所を隔てても連続しているという事であった。

東京スリバチ学会は、その活動を東京都心部からスタートさせたが、地形探索的には「東京」にこだわる必要もなく、武蔵野台地の西方に広がるフロンティアに目を向けたのは自然な成り行きであった。そして段丘好きな面々は、下末吉や横浜の山手台地が、火山灰の供給源であった富士や箱根の火山群に近い分、ローム層が厚く堆積し、比高が大きいことに気付いてしまったのだ。さらば行こう、西へ。ということで、横浜中心街（沖積地）の微地形と、山手台地の驚くべき凹凸地形を紹介したい。

① 釣鐘状の谷

横浜の市街地は、山手台地と野毛台地に挟まれた、釣鐘形状にも似た沖積低地に立地している。低地自体が3方を丘で囲まれた広大な二級スリバチと言えなくもない。沖積地は元々入江だった場所で、江戸時代から明治初期にかけて、海水を抜いて新田開発され（吉田新田・横浜新田など）、やがては人の住む市街地へと変貌してゆく。

かつては、その入江を塞ぐように、山手台地の麓から細長い砂嘴《さし》と呼ばれる砂礫の微高地が浜に横たわっていた。その様子は開港直前の横浜を描いた「横濱村外六ケ村之図」でよく分かる。その地形的特徴から「横浜」の名が付けられたのだ。この砂嘴上には半農半漁の寒村・横浜村があったが、１８５９年（安政６）に開港場となった際、ここ

横浜中華街　観光客で賑わう横浜中華街の関帝廟通り（横浜市中区山下町）

太田久好著『横浜沿革誌』（1892年刊）の挿図「横濱村外六ケ村之図」を着色加工

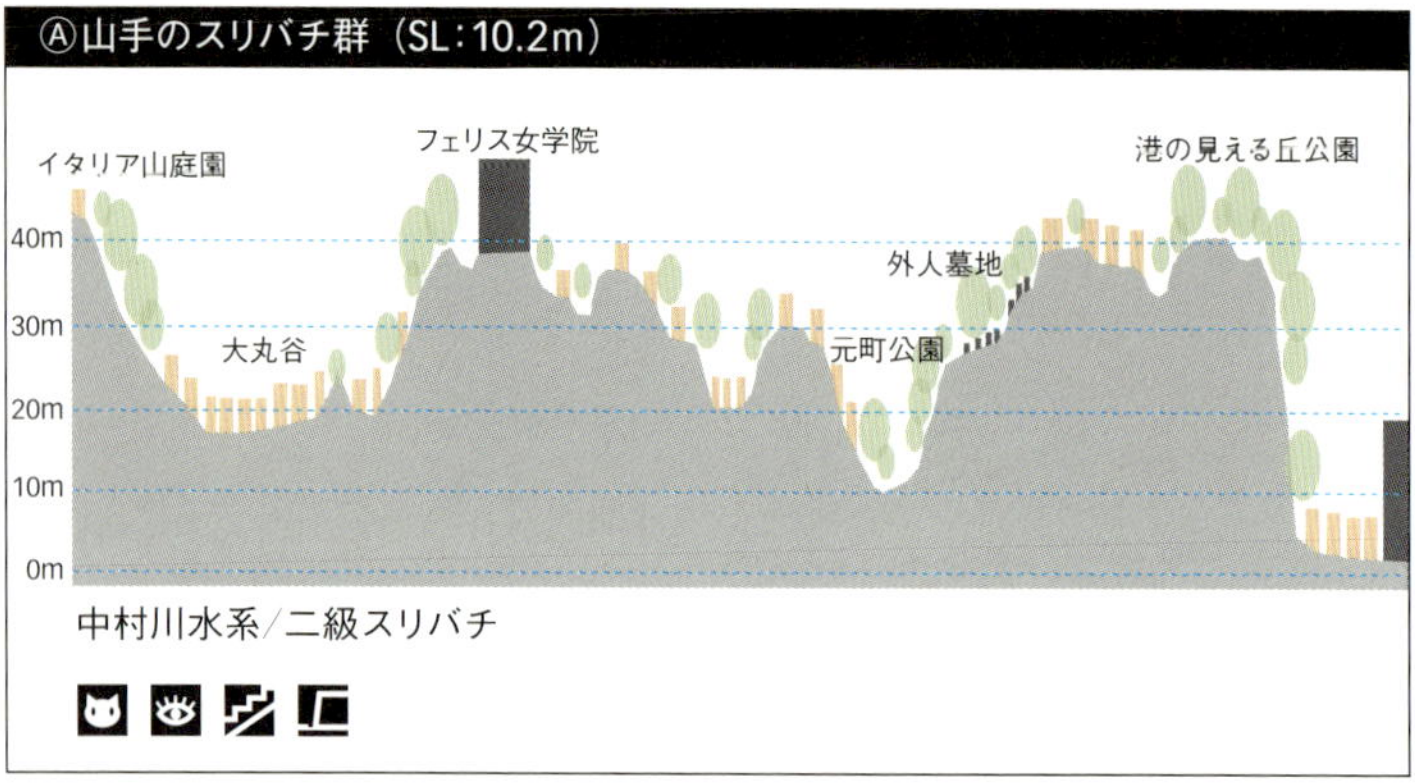

に外国人居留地が設置されることとなり、横浜村の住民は元村（のちの元町）に強制的に移住させられたのだった。砂嘴の外国人居留地外周には堀川が巡り、堀を渡る橋には関所が置かれ、その内側を「関内」と呼んだのが現在の地名、関内の由来だ。

居留地として独特なのが唐人町（現在の中華街）で、砂嘴の付け根の沼地状の場所が、他の沖積地と同じく横浜新田として開発されたのが起源である。交差する道路が唯一ここだけ、ほぼ東西南北にのびているので地図上でも位置と範囲が判読しやすい。

開港場となった横浜も、江戸・東京と同じようにしばしば大火に見舞われた。特に１８６６年（慶応２）の慶応大火では中心部が灰燼に帰したため、防災を見据えた都市計画が実施されることとなった。石造建築が増加し、広い街路が整備されたのはこの時期からだ。そんな中、かつて港崎遊郭があった場所を防火帯機能のある公園（防災公園）として整備したのが、野球場のある横浜公園だ。当初は、外国人と日本人の交流の場として彼我《ひが》公園と名付けられた。ちなみに横浜の観光名所の１つである山下公園は、関東大震災の際に発生した大量の瓦礫を埋め立てて造成された公園である。

八幡町の谷を望む　蓮池坂を上りきった痩せ尾根からスリバチ状の谷を俯瞰する（横浜市中区平楽）

八幡町通り商店街　アーケードが昭和の薫りを漂わせる（横浜市中区八幡町）

② 八幡町の谷

釣鐘状の低地を西から東へと流れる中村川を南に越えると、山手台地の崖線が屏風のように立ち塞がる。だがその崖線は、幾筋もの谷戸の進入を許している。

「ハマの台所」と呼ばれ、地元の買い物客で賑わう横浜橋通商店街の長いアーケードを過ぎ、中村川を三吉橋で渡ると、「八幡町通り」と呼ばれる人通りもまばらな商店街が谷戸奥へと続く。途切れ途切れにアーケードが残存し、営業している店もまばらなレトロな商店街だ。この一帯の八幡町という町名は、半島状に突き出た台地に鎮座する中村八幡宮に由来する。八幡町通りは谷を流れていた川の流路にあたり、この通りから葉脈状に路地が分岐し、山手へと這い上がる急坂にはそれぞれ、蓮池坂や山羊坂、蛇坂などの名が付けられている。蓮池坂を上りきった中丸という痩せ尾根からは、急峻な谷と横浜の低地が一望できる。

③ 地蔵坂の谷

横浜山手地区の台地には、下末吉と同様にスリバチ状の深い支谷が多く分布しているのが特徴だ。地蔵坂のある谷は、地形と町の様相という点でスリバチ景観の典型である。谷頭にあるのが蓮光寺で、谷底には低層の住宅群が、丘の上には横浜共立学園の校舎がそびえたつ。都内のスリバチ景観と同じく、ここでもスリバチの第一法則が観察できるのだ。ただし東京都下よりも崖の比高が大きいため、メリハリの効いた風景には圧倒されるものがある。

④ 大丸谷

元町から本牧方面へ抜ける山手トンネルのある辺りは、大丸谷《おおまるだに》と呼ばれ、スリバチ状の窪地を囲む台地にはフェリス女学院、横浜山手中・高校等が並び山手の文教地区を成す。谷戸の東側に突き出た丘は、１８８０年から86年までイタリア領事館が置かれていたためイタリア山と呼ばれるようになった。麓の元町にはＪＲ根岸線の石川町駅があり、駅周辺の活気ある下町的商店街と、丘の上の閑静な住宅地の対比が印象的だ。

地蔵坂の谷の谷頭　蓮光寺脇の階段上から、地蔵坂の窪地を一望する（横浜市中区石川町3丁目）

山手イタリア山庭園では、幾何学的なデザインの洋式庭園と、外交官の家やブラフ18番館と呼ばれる洋館が保存活用されている。特にブラフ18番館では、震災復興期（大正末期から昭和初期）の外国人住宅の暮らしが再現され、2階では古地図コレクションが見られるのがうれしい。ちなみに「ブラフ」とは切り立った崖の意味で、崖上に競うように建てられた洋館に、「ブラフ○番館」と番号が付けられたものだ。

さて、南向信仰とも呼べるほど日本の住宅は南面を表とするが、海外の住宅では南面へのこだわりよりも、その場所から見える景色や風景に力点を置いて、家の正面を決める場合が多い。この辺りの洋館では、大きな窓面やバルコニーの位置などから家の表面を判読できるので、オーナーがどの方向の景色を重視したかに着目すると面白い。多くの洋館は遠く海を望む方角を表にしているが、海が見えないケースでは、谷戸に向く、スリバチビューな洋館がいくつか存在しているのが分かる。

右＝**イタリア山を望む**　大丸谷を挟んでイタリア山を遠望する（横浜市中区元町５丁目）／左＝**イタリア山からの眺め**　イタリア山からは山手の凹凸地形が一望できる（横浜市中区石川町１丁目）

⑤ 元町公園の谷

山手台地の麓にある厳島神社は、かつての砂礪（洲干島）の先端部にあった弁天社（洲干弁天）が起源で、横浜村の住民たちと一緒にこの地へ移転されたものだ。

神社の背後はそそり立った崖が続き、元町公園では谷戸が台地の奥深くへと入り込んでいる。このスリバチ状の窪地に着目したのは、幕末に来日したフランス人実業家ジェラールであった。ジェラールは谷戸から湧き出る豊富な湧水に目をつけ、開港場となった横浜港に出入りする船舶への給水事業を開始した。煉瓦造の地下貯水槽が整備され、一帯は水屋敷とも呼ばれた。ジェラールはさらに、この谷戸に洋瓦や煉瓦の製造工場を建設し、横浜居留地の洋館に留まらず、関東各地をマーケットとした事業に着手する。明治末期まで製造は続けられていたのだが、関東大震災で被災し、その工場跡地を横浜市が買い取って、現在の元町公園の姿に整備した。園内では船舶給水用に設置されていた

元町公園の谷を望む　高田坂から元町公園の谷を望む。対岸は外国人墓地のある丘（横浜市中区元町2丁目）

厳島神社　山手の崖下に佇む厳島神社（横浜市中区元町5丁目）

レンガ造貯水槽が整備・公開されている。
ちなみに、横浜の中心市街地となった砂礫や沖積地の低地部においては、開港以来、堀井戸は塩分と濁りでほとんど飲用の役に立たなかったという。そこで水売業者が遠方から水を運搬していたが、増大する需要には応じきれず、1887年（明治20）に近代式改良上水道が整備されるまでは深刻な水不足が続いていたという。地元では見慣れていた谷の有難さに、意外と気づかなかったのかも知れない。

さて、ジェラールの水屋敷があった谷戸はさらに奥深く続き、谷頭部は現在、元町公園プールに利用されている。プールを囲む観客席はスリバチの斜面をうまく利用して、ローマの古代劇場のようである。以前はプールの水に谷戸の湧水を利用していたため、水がとても冷たく、あまり評判は良くなかったという。

台地に上ると、元町の雑踏が嘘のような閑静な住宅地で、山手らしい洋館が並び観光客も多い。元町公園を下に望む急な斜面地に広がるのが横浜外国人墓地で、

右＝スリバチ状のプール　スリバチ状の地形を活かした元町公園のプール（横浜市中区元町1丁目）／左＝**外国人墓地の谷**　斜面地にある外国人墓地の麓の窪地も墓地だった（横浜市中区元町1丁目）

崖を味わいながらの墓地散策も楽しい。

⑥谷戸坂の谷

もっとも港寄りにある、豊かな樹林に覆われた台地はフランス山と呼ばれ、その南東側に続く丘陵地がかつてのイギリス山、現在はそれら一帯が「港の見える丘公園」として整備されている。横浜港やベイブリッジ、そしてランドマークタワーを一望できる観光スポットである。イギリス山・フランス山には、幕末から明治の初めにかけてイギリス軍とフランス軍が駐屯、軍隊が撤退した後も領事館が置かれたためにそう呼ばれたものだ。ここではこれら誰もが知る台地の西側に佇む小さなスリバチ状の窪地にも目を向けたい。幅が200mにも満たない窪地は山手裏の住宅地に利用され、谷戸坂が谷筋にあたるが川の跡は確認できない。この谷を見下ろす対岸の丘はアメリカ山と呼ばれ、他の丘と同じく現在は公園として開放され、横浜中心市街地の展望スポットとなっている。

右＝**港を望む谷戸坂**　フランス山とアメリカ山に挟まれた窪地は住宅地に利用されている。横浜港のマリンタワーを遠くに望む（横浜市中区山手町）／左＝**千代崎川の暗渠路**　谷間に続く千代崎川の暗渠路（横浜市中区麦田町2丁目）

⑦千代崎川の谷

山手台地の南斜面にも魅力的な谷や窪地が点在しているので紹介したい。やはり横浜山手は、東京の淀橋台や荏原台に匹敵するスリバチの密集地帯だと実感できる。

台地の南斜面を活かした山手公園を下りると、麦田町と呼ばれる下町が広がり、谷間を本牧通りが走る。その1本裏手にゆらゆらと続く暗渠路が残り、ここが河谷であることを証明してくれる。この低地を流れていたのが千代崎川で、直線化された暗渠路のそばに蛇行した旧流路も残る。暗渠路に敷かれた蓋は、東京では見かけることのないプレキャストコンクリートと現場打ちコンクリートの混合構造で、継ぎ目や段差がなくバリアフリーなため、夜でも安心して歩けると暗渠界でも評判が良い。

麦田町よりも西側では、千代崎川の川跡は柏葉通りに付かず離れず寄り添い、上流に至っては唐沢という

根岸共同墓地の谷を望む　対岸から斜面を埋め尽くす根岸共同墓地を遠望する（横浜市中区平楽）

谷筋など複数の支谷に枝分かれする。現在は柏葉橋という、交差点とバス停に残った名で往時の川を偲ぶ。

この河谷の本流と思われる川跡は、中区と南区の区界になっている。谷の北側斜面は根岸共同墓地で覆われ、点在する寺院とともに、弔いの谷戸の荒涼たる風景が見る者を震撼させる。そして谷頭へと遡れば、町名では山谷、その起伏を活かした米軍根岸住宅は、とても日本とは思えない牧歌的で独特な住宅地の景観を呈す。

⑧ 天沼ビール工場の谷

さいごに、ビール発祥の谷戸を紹介しておきたい。市立北方小学校のある窪地は、かつて北方村天沼と呼ばれた清水の湧く谷戸であった。1868年（慶応4・明治元年）、アメリカ人コープランドは、その自然の湧水を利用してビール製造に着手した。良水の湧く谷戸地形にふさわしく、醸造所は「スプリングバレー・ブルワリー」と名付けられた。

根岸共同墓地の黄昏　夜の帳に包まれようとする根岸共同墓地の谷（横浜市中区大芝台）

その後、経営不振に陥ったコープランドは醸造所を手放すこととなったが、代わりに1885年、跡地にジャパン・ブルワリーが設立され、天沼の谷でのビール製造が再開された。同社が製造するビールは「キリンビール」の銘柄で全国に販売され、1907年には麒麟麦酒株式会社と社名を変えた。

工場施設は関東大震災で倒壊し、ビール工場は震災後、現在の鶴見区生麦へ移転したのだった。そして湧水の注ぎ込む天沼は埋め立てられ、学校の用地に変わった。

ジェラールが谷戸の湧水を利用して船舶給水事業を始めたのと同じく、日本を代表するビール工場の発祥も谷戸の湧水を起源としていた。山手の谷戸から絶えず湧き出る良水は、海の向こうからやって来た新参者の目には、新たなる産業をも興し得る、偉大なるポテンシャルを秘めていたのだろう。

キリン園 天沼の谷の一部はキリン園という公園となり、ビール工場があった記憶を伝える（横浜市中区千代崎町1丁目）

自分の町の楽しみ方

野内隆裕

のうち・たかひろ／まちあるきガイド、イラストレーターなど。1968年新潟市下町（しもまち）生まれ。「路地連新潟」メンバーとしての様々な活動に新潟市が協力、小路めぐり地図、案内板の制作、ガイドの養成等に関わる。

新潟市の下町に生まれ育った私が上京し、学生・社会人として過ごした東京の町。二十代の終わりに帰郷したので、ある意味、東京は第二の故郷の様な気がしています。

スリバチ学会のフィールドワークに参加していると、なじみ深い場所を歩く事が多々あります。すると、そのころ毎日前を通っていた道に佇む石碑の存在や、よく歩いた道の高低差の意味に初めて気が付くことも多く、非常に楽しいのです。若き日の自分は如何に東京の町に無関心だったのか。いや、そうでは無く、それらの存在に気が付くアンテナを持っていなかったのだなぁと思うのです。

帰郷したての新潟ではそんな再発見の連続でした。子供のころから見慣れていた日常の風景に、逐一「何故？」という関心を持てたからです。新潟の町に張り巡らされた無数の小路の存在、およそ三十もの寺院が一直線に並ぶ新潟の寺町。不思議な事に、その背景に関心を持った瞬間から、答えが押し寄せてくる訳で、四十半ばを過ぎた今でも発見があります。

そんな町の楽しさを誰かに伝えたくなり、WEBで発信したり、地図を作ったり、気が付けばいつしか実際に町案内まで始めていました。

当初、自分が案内するまちあるきは、自分の歴史の知識等を正確に伝えようとするものでした。しかし、そのスタイルは小学生の一団を案内したとき、木っ端微塵となりました。要は聞いてもらえなかったのです。理由は彼らの好奇心をくすぐる「仕掛け」が足りなかったから。

町の歴史に辿り着く前に、普通の人は興味を失ってしまうのです。特に子どもは素直です。そんな貴重な体験から、自分のまちあるきのスタイルが変わりました。2004年より、江戸時代からの歴史を伝えている、町に無数に張り巡らされた新潟の小路の「いいなぁ」と思う風景を、自作の地図と案内板にイラスト化して紹介してみたのです。

その効果は予想以上で、「そのアプローチがいいよね」と路地好きが集まり「路地連新潟」が誕生。「ロジノリ！」と名付けた自由な活動には、新潟市も加わり、地図や案内板もリニューアルしました。地図片手に、路地の風景を楽しみながら町をブラブラと歩いてくれる人々が現れ、最近は小学校の総合学習でも活用され嬉しいかぎり。どうやら町への関心は、そんな「楽しさのノリ」から拡がってゆくのかもしれません。

私のまちあるきも、案内する、教える、という一方向の形から、一緒に楽しむ、一緒に考える、町への着目点を交換するといったスタンスに変化しました。この部分では、スリバチ学会のフィールドワークや、そこに参加されている方々から沢山の勇気を貰った気がします。

最近では、新潟の町を楽しむための「ノリ」の種類も増えました。「地形」です。信濃川河口に拡がる平坦な新潟の町を、地形を切り口として、空間的、構造的に楽しむ試みが始まっています。また下町や寺町、路地や坂道といった、新潟ではあまり注目されてこなかった場所が、歩く意味のある、おもしろい場所として認識されるようになってきた様に感じます。こうした変化には「タモリ倶楽部」や「ブラタモリ」といったテレビ番組や、「東京スリバチ学会」のような活動の影響も大きいと確信しています。東京に限らず、自分の町を楽しむ目、楽しさを発信する工夫という「ノリ」を持てば、どこでも自分の町を楽しむことはできる、一緒に楽しむ仲間を増やすことができると日々感じています。

路地連新潟の各種「まちあるき地図」&「案内板」で紹介されている、新潟市中央区の「いい坂」「いい路地」「いい地形」(筆者作製)

川のない谷

新潟市

Niigata-shi

新潟。「新しいラグーン」と名付けられた町には、ラグーン形成の2大要素である砂と水のドラマが秘められている。本州日本海側で最大の都市となった新潟における川と大地、そして海岸の変遷を振り返ることから始めよう。

信濃川と阿賀野川の2大河川は元々、ほぼ同じ場所で近接、あるいは合流して日本海へ注いでいた。戦国時代には、両河川の河口に新潟津・蒲原津《かんばらのつ》・沼垂津《ぬったりのつ》という三か津が存在し、割拠する政治勢力が軍事・交通の要衝としていた。しかしかつての港湾都市は、大河の恩恵を享受しながらも、度重なる洪水と大河の流路変更（時には人工的な改変による「事故」もあった）に翻弄される。それは人為的に水路を抑え込めるような規模のものではなく、町ごと移転を迫られるような、過酷で宿命的な歴史であった。特に沼垂町は、2大河川の流路変化にともなう侵食と湊機能喪失のため、1640年か

運河の痕跡　柳の並木が運河の記憶を伝えている

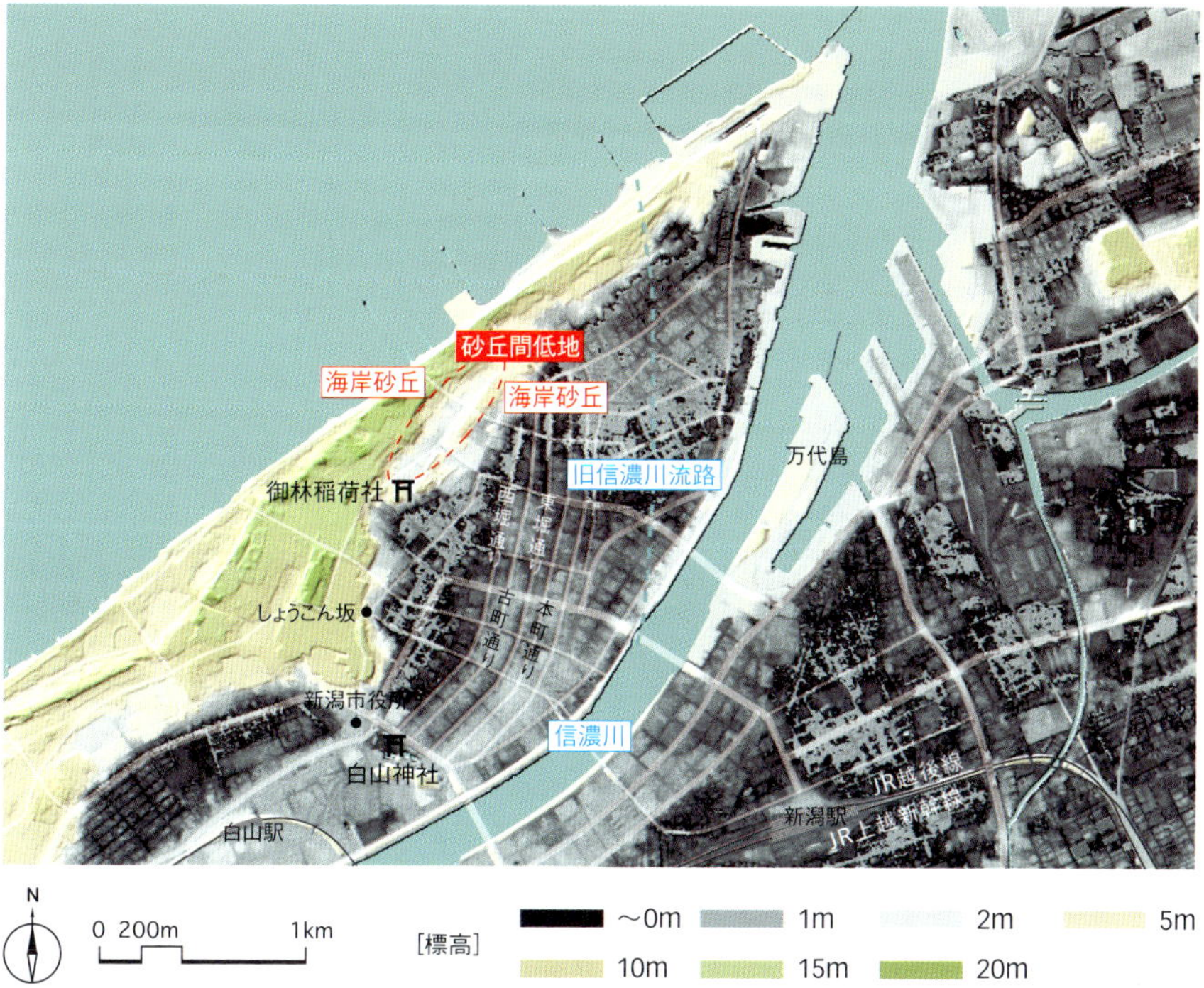

ら1684年の僅か40年余りの間に4度の移転を余儀なくされたという。

そして、現在の新潟市・中心市街地のある場所は、元々白山島・寄居島と呼ばれた信濃川に浮かぶ中洲だったところである。計画的に新潟町が築かれたのは江戸時代初頭（1650年代）であった。東京の下町低地と同じく地の利を活かし、水路（掘割）が縦横に巡らされ、舟運《しゅううん》によって日本海側随一の海運・港湾の商業都市として発展する。しかし、都市活動を支えた掘割は、主役の舟運が自動車輸送へと移行するに伴い、高度成長期に一斉に埋め立てられ、道路へと置き換えられていった。現在の市街地では掘割の遺構はほとんど残されていないが、掘割に直交していた小路が、昔の佇まいをそのままに、舟運の町の面影を今に伝えている。これは新潟市が第二次世界大戦で空襲の被害が少なかったことに加え、掘割を埋めて道路に転用させることで、都市の骨格を変えてしまうような都市改造を避けて近代化を達成したことに拠る。江戸・東京が、江戸の遺産である「大名屋敷」という都市に用意された空白地帯、すなわち都市の包容力に恵まれていた成り立ちと似ていよう。さらには市街地周辺部に直線状に連なる寺院群、そして町の端であった白山神社の位置は江戸時代そのままで、歴史を歩んできた都市的な構造も把握しやすい。「水の都」は他の水辺の都市と同様に平坦であろうという先入観は、実際に歩いてみるとあっさり覆される。そんな新潟中心街の微地形を頼りに、ここならではの都市の魅力を発掘したい。

砂丘列のつくる谷

新潟市は、広大な越後平野（新潟平野・蒲原平野ともいう）の最も海際に位置する。その越後平野の海岸線には、並行する10列以上の砂丘列が連なり、日本屈指の大砂丘となっている。最も内陸側に位置するのが亀田地区で、その名の通り、亀の甲羅のように盛り上がった微高地（砂丘）に築かれた集落を起源とする。ちなみに、低湿地には「亀」の付く地名が

しょうこん坂からの眺め　坂の上からは新潟市内を俯瞰できる

多く、東京の亀有・亀戸も沖積低地の微高地を意味する。

亀田地区の砂丘列が最も古く、縄文前期（約6000年前）の海岸砂丘であり、海岸線が後退するに伴って次々に海側に浜堤（砂丘列）が形成されていった。そして、海岸砂丘に挟まれた砂丘間湿地には「潟」を残した。砂丘列とは海面後退のいわば年輪なのである。

現在最も海側に連なる海岸砂丘は、奈良・平安時代に形成されたものと言われ、この内陸側に残された湿地こそが、最も「新しい潟」なのである。現在の新潟市街地は、形成年代が最も若い潟と海岸砂丘上に位置し、その高低差によって住宅地の性格にも違いが見られる。砂丘の比高は10m近くあり、魅力的な坂道や市街地を展望できる丘が数多く存在しているのだ。

ここでは、海寄りの砂丘列の内陸側にもう1列の砂丘が存在していることに注目したい。この砂丘に挟まれた凹状の土地（砂丘間低地）は、いわば川のない谷である。そして、谷越えの道路が土手となっているため、一級スリバチ地形が新潟にも存在していたのだ。

右＝**砂丘列を望む**　写真中央、横にのびる緑のラインがまた別の砂丘／左＝**砂丘の坂**　海に近い砂丘は比高も大きく、丘陵地を想わせる坂道の風景が点在する

丘と谷をつくる砂

中心市街地の北西に連続する砂丘列は、防風林のように冬の北西風から町を守っているようにも見える。しかし見方を変えれば、海側から成長を続ける砂丘が、町を侵食しているようにも見えよう。

先に書いたが、現在の新潟市街地は、江戸時代に信濃川中洲の白山島・寄居島に移転してきた町である。では、移転前は何処に存在していたのか。実は古新潟町のあった場所は特定できず、一説では海側の砂丘上にあったと推測されている。そして移転の理由は、信濃川が土砂堆積で遠のいたためと一般的に説明されている。

自然史的な長い時間で新潟の歴史を捉えた場合、町は海側から波のように押し寄せる「飛砂《ひさ》」との闘いであった。砂から町を守る防砂林の植樹を記念し建立された「御林稲荷社」という土着の祠が、砂丘の際に祀られているのがその証拠だ。太平洋に面した江戸の下町に、波除の稲荷や神社が多く祀られるのと同様に、大自然の猛威を鎮めるには神に祈願する他なかった時代があったのだ。迫り来る砂の脅威から逃れるべく古新潟町が放棄されたとすれば、砂丘下に今も古新潟町の遺跡が眠っているとする空想も許されよう。

砂の丘を削る海

新潟の町を煩わせた飛砂は、江戸時代以降の防砂事業、すなわち海岸砂丘の砂留め工事や植林によって、その被害を減じてきた。飛砂は、信濃川・阿賀野川が運んできた土砂が海岸付近で押し戻され、北西の強い季節風で運ばれたものだ。町ごと移転を強いるような2つの「あばれ川」も、江戸期以降から継続的に実施された放水路の建設事業によって、氾濫を抑え込まれていった。川は人の住む町を脅かす「災い」をもたらすこともあるが、平常時は上流部から絶えず土砂を運ぶ「恵み」の存在でもある。土砂が海に浅く堆積した「潟」を起源に持つ湊町は、放水路によって砂の供給を失ったため、海岸決壊と呼ばれる海岸線の侵食・後退といった新たなる難題を抱えることとなった。

明治中頃までは海岸線は少しずつ沖合に伸びていたのだが、新潟港整備に伴う防波堤築造によって、まずは土砂が海岸に寄り付かなくなり、1922年に大河津分水（放水路）が通水すると、土砂の供給量が減少したため、日本海の荒波が徐々に海岸を侵食していった。中には300m以上も海岸線が後退した場所もあり、海側の砂丘列は侵食で崖状（海食崖）となった。

現在は消波ブロックや海岸堤で人為的に海岸決壊を食い止めている。潟を形成した砂は、かつては川が運んでくれたものだが、今は多大な労力とエネルギーを使い、山間部から河口へと輸送し、セメント粒子と水との化学反応（水和反応と呼ぶ）で固結させ、自然の営力から大地を守っていることになる。

右＝**砂丘の御林稲荷社**　砂丘のへりに祀られている御林稲荷／左＝**消波ブロックの群れ**　海岸侵食を食い止める消波ブロックが量産されている海浜

仙台市

Sendai-shi

河岸段丘を刻む谷

仙台の中心市街地は、海抜30m～50mほどの扇状地状の台地に位置している。わが国でも人口百万を擁する大都市中心部が、河口ではなく河川中流域にあるのは珍しいとされる。台地の東側は海に面した広大な沖積平野（仙台平野）で、水田耕作や生産・物流拠点に利用され、都市域の拡大を支えている。台地状の土地は広瀬川が形成した河岸段丘で、4つの段丘面（台原・上町・中町・下町）と段丘崖は、現在の仙台中心市街地においても確認することができる。

江戸時代、多くの城下町は大きな河川や海湾の近くにその立地を求めた。仙台藩祖伊達政宗はこれとは対照的に、海から離れた小高い河岸段丘地に、人口5万人を越える全く新しい城下町を開いたのだった。このことにより、洪水や津波の難から逃れることができた反面、水を得にくいと

四ツ谷用水の流路　四ツ谷用水の流路に築かれたコンクリート製の導水路には、今も工業用水が流れている

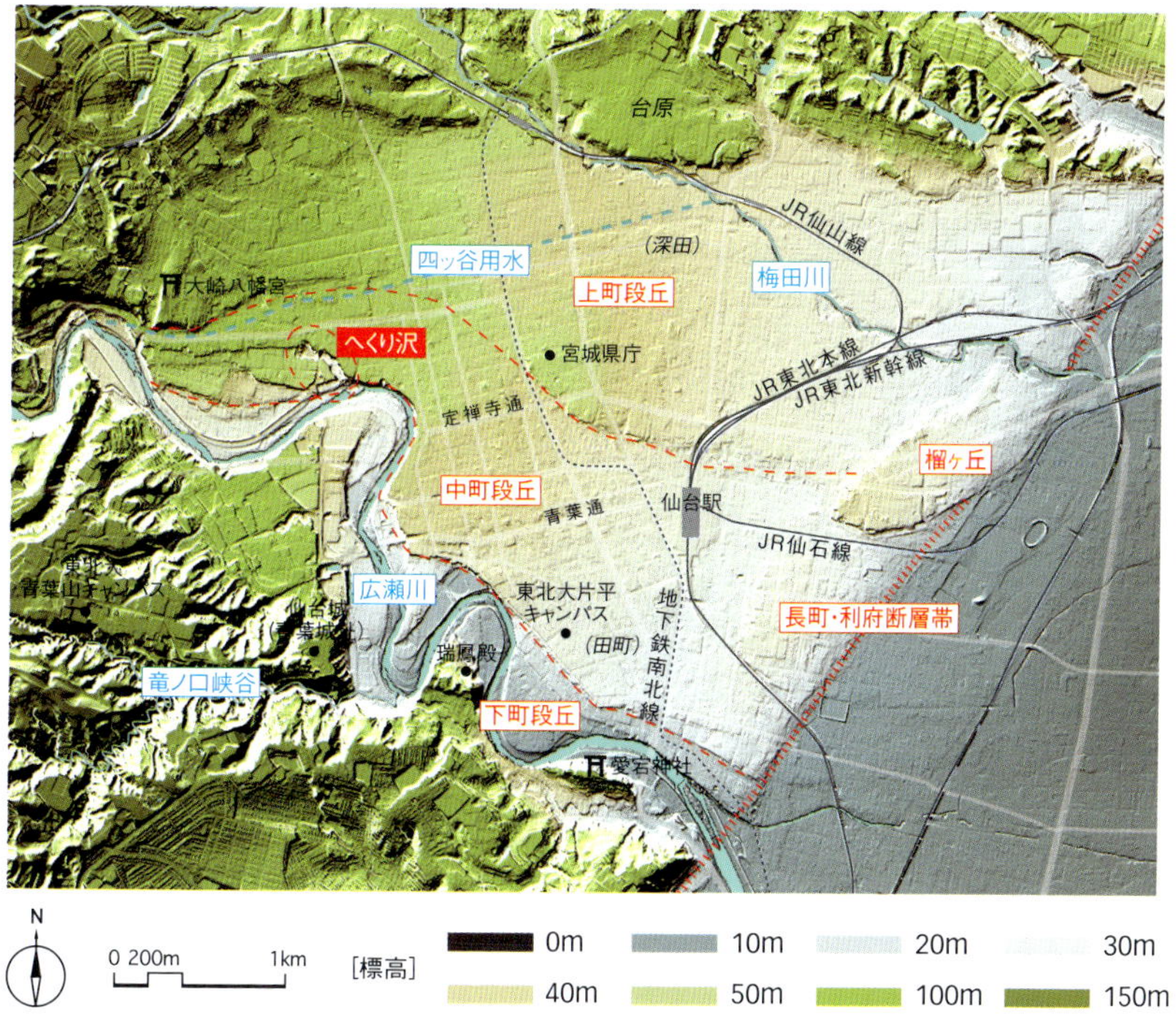

いった高台特有の問題を抱えることとなった。それゆえ、政宗がまず着手したのが、街道整備とともに仙台城下へ水を供給するインフラ、「四ツ谷用水」の建設だったのだ。

河川中流域の仙台の町を地形図でながめてみよう。中心市街地の北と西が丘陵地で囲まれ、緩やかな勾配を持つ台地面に段丘崖が走っている。注目すべきは、上町段丘下を西から東へ向かう水の流れである。これこそが四ツ谷用水で、江戸時代初期に築かれた、城下町仙台の「母なる川」である。

四ツ谷用水の本流は、広瀬川の上流部から導水され、大崎八幡宮下を横切り、段丘際の高低差を巧みに辿って梅田川へと注ぐ。この本流から多くの支流が網の目のように枝分かれし、かつての城下町・仙台を潤していた。地形図で「深田」と書かれている辺りは、江戸時代初期には水田の広がる湿地帯だった場所で、四ツ谷用水は市街地への上水供給だけでなく、水田地帯の灌漑と深田の乾地化の役割もあったとされる。深田の西側には梅田川支流の河川谷が複数あり、水の流れは無くなったものの、川跡は路地として住宅地に残り、地元住民の生活道路として今も活かされている。

仙台の中心市街地は河岸段丘面で発展を続けているが、地勢的には北西を頂点に、南東に向かって緩やかな傾斜がある。仙台駅からビジネス街のある県庁・市役所方面に向かって1％程度の緩い勾配があることは、地元仙台市民にも意外と知られていない。毎朝仙台駅から、ビジネスエリアである県庁・市役所方面へと向かう人々の足取りが何となく重いのは、決して気分的な問題だけではないのだ。

さて、海まで含めた広範囲で仙台を眺めると、小高い河岸段丘の東側には海まで沖積低地が広がっている。河岸段丘と沖積低地の境界は「長町・利府断層帯」と呼ばれる逆断層の構造線である。仙台の河岸段丘は古広瀬川の扇状地で、上町段丘と中町段丘は約2万年前の最終氷期（ウルム氷期）に、下町段丘は約1万年前に形成されたとされる。仙台にはこれら3つの段丘に加え、さらに標高の高い台原段丘と、仙台城址や東北大青葉山キャンパスのある青葉山段丘の5つの平坦な段丘面があることになる。

広瀬川の河岸段丘

仙台市街地を流れる広瀬川は、激しく蛇行しながら

大崎八幡宮の参道　大崎八幡宮の参道下、太鼓橋の下を四ツ谷用水が流れている

も、下町段丘面よりもさらに深い崖下を流れている。これは相対的な海面低下（土地の隆起か海水準の低下）によって、川底を下にえぐる下刻作用が激しくなり、川がうねったまま深い谷がつくられた結果だ。このため仙台では、広瀬川の水が市街に溢れることを心配する必要がない反面、揚水が困難で水を得にくいといった悩みを抱えていた。先に紹介した四ツ谷用水は、仙台の城下町を成立させるには必要不可欠なインフラだったのだ。

広瀬川がつくった河岸段丘を愛宕《あたご》神社のある高台から眺めてみると、足元を流れる広瀬川の対岸に、河岸段丘地勢に呼応するかのように仙台市街のスカイラインが形成されているのが分かる。すなわち、広瀬川に一番近い「下町段丘」には低層の住宅地が、「中町段丘」には東北大片平キャンパスをはじめとした中層の建物が並び、その背後には「上町段丘」上に発展を続ける仙台市街の高層ビル群がスカイラインを形成しているのだ。「建物は地形を強調する」という「スリバ

河岸段丘都市を望む　愛宕神社のある高台から、河岸段丘上に発展する仙台市街を一望する

チの第一法則」は、東京から遠く離れたこの地にも見られるのだ。

竜ノ口峡谷

台地の突端にある仙台城（青葉城址）は、仙台市街を見渡せる絶景スポットとしても有名な観光名所だ。その見上げるような丘をつくっているのが広瀬川の断崖と、竜ノ口峡谷と呼ばれる急峻な渓谷である。峡谷は谷マニアの進入をも拒む断崖絶壁であり、地元市民も足を運ぶことは少ない。伊達政宗が築いた仙台城は、この高低差40ｍほどの崖に囲まれた、まさに天然の要塞だったのだ。

さて、竜ノ口峡谷が深く険しいのには理由があって、これも等々力渓谷や音無渓谷で取り上げた、「河川争奪」の結果なのだ。峡谷をつくった川（竜ノ口沢）は元々、瑞鳳《ずいほう》殿《でん》裏の谷を経て、愛宕神社裏（旧町名・大窪谷地）を流れ広瀬川に注いでいた。そして大きく蛇行する広瀬川がこの流れを奪い、下流域を失った竜ノ口沢は下刻作用が激しくなり、谷の川床を下方に削り、現在見られるような峡谷をつ

竜ノ口峡谷　竜ノ口峡谷の先頭を行くのは石川初スリバチ学会副会長。右の崖上が仙台城

くったのだ。仙台城址（青葉山）、瑞鳳殿（経ヶ峰）、愛宕神社がある丘は、いずれもほぼ同じ標高であり、3万年前までは同じ段丘面だったのである。竜ノ口峡谷は広瀬川との合流地点から水源まで3kmほどではあるが、東京の暗渠巡りとは訳が違って、水源探索には重装備が必要だ。

河岸段丘の窪み

かつて「清水小路」と呼ばれた一帯では、その名の通り、多くの清水が湧き出していた。湧き出た水は水田にも利用され、今でも「田町」という地名がこの辺りに残っている。実際に今でも井戸水を使っている家もあり、2mも掘ると水が湧き出るらしい。

河岸段丘都市・仙台の豊かな浅層地下水は、5m未満の浅井戸を多く提供していた。台地は砂礫段丘に属しているので表土の下に厚い砂礫層が分布しており、これが浅層地下水を貯える帯水層となった。そして四ツ谷用水の一部が段丘礫層に浸透して、雨量の少ない冬季の地下水位低下を防いだとも言われている。江戸時代、水を多く必要とする

清水小路の武家屋敷跡　清水小路の屋敷にあった湧水池を再現した緑地

杉・欅《けやき》などの屋敷林の旺盛な繁茂を促し、のちに「杜《もり》の都《みやこ》」と呼ばれる原風景の形成に寄与した訳だ。

全国的にも知られている「杜の都」について補足しておきたい。江戸時代、仙台城下町には、他の城下町と比べて武家屋敷の比率が圧倒的に高かった。これは地方知行制《じかたちぎょうせい》（藩が直轄地を持ち、武士に給料を与える代わりとして、拝領地を与えて自ら家臣や農民に耕させて年貢を徴収させる統治制度）と呼ばれる独特の統治制度のためで、大名屋敷を多く抱えていた江戸に似た都市構成だった。そして仙台の武家屋敷の多くが屋敷林を持っていたため、城下町には緑の印象が強く、杜の都と形容されるようになったとされる。その屋敷林が生育し、適切に維持される台地の土壌を涵養したのが、四ツ谷用水だった訳だ。現在でもかつての武家屋敷があった町では、江戸期から生き続ける大木を見て取れる。木が長生きするには、適度に土地が痩せ、最低限の水が必要だ。湿潤すぎると木は腐ってしまう。高燥の台地と四ツ谷用水のバランスのとれた関係が「杜の

定禅寺通りの欅並木　「杜の都」の象徴のように言われる豊かな街路樹は、戦災復興で植樹されたもの

都」の維持に貢献したのだ。

ちなみに、現在の仙台の町を紹介する際、定禅寺《じょうぜんじ》通や青葉通に代表される緑豊かな欅の並木が取り上げられることが多いが、これらは第二次大戦で焼け野原になった仙台を、「杜の都」として復興させるために、戦後に植えられた木々なのである。

へくり沢のスリバチ

仙台市街には東京のスリバチ地形によく似た、スリバチ状の谷戸がいくつか点在していることが分かった。その1つがへくり沢と呼ばれる深く細長い谷で、この峡谷を越えるために築かれた土手（土橋）は、土橋《どばし》通りの名を今に残す。土橋で下流側を塞がれた谷は、出口のない一級スリバチ地形となっている点も注目したい。この沢は、国見の山から発して広瀬川に向かって南下、春日神社の横で東西に流れる四ツ谷用水と立体交差する。四ツ谷用水が越えなくてはならなかった4つの難所（谷）の1つが、このへくり沢だったのだ。四ツ谷用水の名の由来には諸説あるのだが、成否を左右した4つの沢（谷）から付けられたとする説には、地形的な意味においても十分すぎる真実味がある。

谷の数だけ物語がある。谷を巡る旅は、まだまだ続きそうだ。

へくり沢の窪地　40ｍほどの比高を持つ、スリバチ状の窪地、通称へくり沢を台地から望む

おわりに
——スリバチが紡ぐ可能性

凹凸地形が奏でる東京のユニークさを趣味の延長で発信してきた東京スリバチ学会の活動ではあるが、地形への着目とその取り組みに多くの関心が寄せられていることを実感している。さいごに自分自身も関わっている、活動の広がりを3つほど紹介しておきたい。

1つ目は、実際に現地を歩き、地形を手掛かりとした探求は、東京に限らず、どんな町においてもその土地固有の魅力の発見や文化発掘のきっかけに成り得ることだ。自分の住む町の場所性や地域性を見つめ直すことで、町の文化的アイデンティティを蘇らせ、豊かな町づくりへと至るムーブメントを所々で感じている。著者自身、東京都内の活動だけではなく、故郷の前橋や、2012年から活動拠点を移した仙台においても、市や区、そして市民団体と協同して、復興を視野に入れた、地域コミュニティと水環境の関係を再構築する取り組みを模索中である。

2つ目としては、3・11震災以降、自分の住む町の履歴や地盤状況などへの関心が高まり、足元を見つめ直す手法の1つとして、フィールドサーベイがとても有効であることに加え、地形図や古地図によって自分の住む町を把握・検証する有用性に、多くの人が関心を寄せていることだ。この本で取り上げている事柄も、少なからず参考になるはずだ。これに関する具体的取り組みとしては、スリバチ学会副会長の石川初氏とともに、地図・地形図の活用法やGPS・GISの有用性と発展性についての情報発信を、日本地図センター他の団体と協働で行っている。また、石川氏と本書の「スリバ地図」の製作者、杉浦貴美子氏は、話題となっているアプリ『東京・横濱時層地図』の主要な開発メンバーでもある。

そして3つ目として、地勢と水系の把握に始まり、土地の持つポテンシャルの再発見と評価は、都市防災の観点のみならず、本来の人間らしい生活イメージを取り戻す契機にもなり得ると思っている。それは、持続可能な都市モデルの構築に向けての何らかの手掛かりを与えるものと期待したい。著者自身も東北大学と協働して、実践的な教育プログラムの中で、環境バランスを再編させ、文化的アイデンティティを蘇らせる理念と方法を探る活動を続けている。地勢を把握するフィールドワークや分野横断的なワークショップを通じ、近いうちに具体的なコンテンツへと昇華させたいと目論んでいる。できれば東北再生モデルの構築と発信を射程に捉えたいのだ。なぜならそれは、循環型あるいは持続可能な社会、そして未来へのビジョンを示すステップと成り得るからだ。時には災いをもたらすこの国の過酷な自然は、余りある恵みも与えてくれるはずなのだから。

スリバチを歩きながら、そんな希望的憶測と淡い予感を抱いている。

主要参考文献

地学・都市論など

安藤優一郎『大名庭園を楽しむ』朝日新書、2009年
五十嵐太郎『美しい都市・醜い都市』中公新書ラクレ、2006年
石川初『ランドスケール・ブック』LIXIL出版、2012年
今尾恵介『消えた駅名』講談社＋α文庫、2010年
今尾恵介『地図を探偵する』ちくま文庫、2012年
大石学『地名で読む江戸の町』PHP新書、2001年
岩垣顕『荷風日和下駄読みあるき』街と暮らし社、2007年
岡本哲志『江戸東京の路地』学芸出版社、2006年
荻窪圭『古地図とめぐる東京歴史探訪』ソフトバンク新書、2010年
荻窪圭『東京古道散歩』中経の文庫、2010年
小沢明『都市の住まいの二都物語』王国社、2007年
貝塚爽平『東京の自然史』講談社学術文庫、2011年
河北新報社編集局編『仙台藩ものがたり』河北新報社、2002年
神田川ネットワーク編著『神田川再発見』東京新聞出版局、2008年
日下雅義『古代景観の復原』中央公論社、1991年
越沢明『東京の都市計画』岩波新書、1991年
塩見鮮一郎『江戸の城と川』河出文庫、2010年
陣内秀信『東京の空間人類学』ちくま学芸文庫、1992年
陣内秀信・板倉文雄他『東京の町を読む　下谷・根岸の歴史的生活環境』相模選書、1981年
陣内秀信・三浦展『中央線がなかったら　見えてくる東京の古層』NTT出版、2012年
菅原健二『川跡からたどる江戸・東京案内』洋泉社、2011年
菅原健二『川の地図辞典　江戸・東京／23区編』之潮、2007年
酒井茂之『江戸・東京坂道ものがたり』明治書院、2010年
佐藤正夫『品川台場史考』理工学社、1997年
鈴木理生『江戸の川・東京の川』井上書院、1989年
鈴木理生『江戸はこうして造られた』ちくま学芸文庫、2000年
鈴木理生『図説江戸・東京の川と水辺の事典』柏書房、2003年
鈴木理生『川を知る事典』日本実業出版社、2003年
鈴木理生『江戸の町は骨だらけ』ちくま学芸文庫、2004年
高村弘毅『東京湧水せせらぎ散歩』丸善、2009年
竹内誠編『東京の地名由来辞典』東京堂出版、2006年
竹内正浩『地図と愉しむ東京歴史散歩　都心の謎篇』中公新書、2012年
竹村公太郎『土地の文明』PHP研究所、2005年
田中昭三『江戸東京の庭園散歩』JTBパブリッシング、2010年
田中正大『東京の公園と原地形』けやき出版、2005年
谷川彰英『地名に隠された「東京津波」』講談社＋α新書、2012年
高橋美江『絵地図師・美江さんの東京下町散歩』新宿書房、2007年
タモリ『タモリのTOKYO坂道美学入門』講談社、2004年
中沢新一『アースダイバー』講談社、2005年
羽鳥謙三『地盤災害』之潮、2009年
原広司『集落の教え100』彰国社、1998年

バーナード・ルドフスキー『人間のための街路』鹿島出版会、１９７３年
廣田稔明『東京の自然水１２４』けやき出版、２００６年
堀越正雄『井戸と水道の話』論創社、１９８１年
本田創編著『地形を楽しむ東京「暗渠」散歩』洋泉社、２０１２年
藤森照信『明治の東京計画』岩波現代文庫、２００４年
藤森照信『建築探偵の冒険　東京篇』ちくま文庫、１９８９年
槇文彦他『見えがくれする都市』鹿島出版会、１９８０年
正井泰夫『江戸・東京の地図と景観』古今書院、２０００年
松浦茂樹『国土づくりの礎　川が語る日本の歴史』鹿島出版会、１９９７年
松田磐余『江戸・東京地形学散歩』之潮、２００８年
松本泰生『東京の階段』日本文芸社、２００７年
三浦展『大人のための東京散歩案内』洋泉社、２００６年
山折哲雄監修・槇野修著『江戸東京の寺社６０９を歩く
山の手・西郊編』ＰＨＰ新書、２０１１年
吉村靖孝『超合法建築図鑑』彰国社、２００６年
渡部一二『図解・武蔵野の水路』東海大学出版会、２００４年

区史・地図など

佐藤昭典『仙台・水の文化誌』仙台市、１９９４年
新関昌利『四ッ谷堰の基礎的研究』仙台市、１９９６年
鈴木郁夫・赤羽孝之編『新旧地形図で見る新潟県の百年』
新潟日報事業社、２０１０年
全国地理教育研究会監修『地図で歩く東京Ⅱ』古今書院、２００２年
世田谷区立郷土資料館編『等々力渓谷展　渓谷の形成をめぐって』
世田谷区立郷土資料館、２０１１年
『荒川区の歴史』名著出版、１９７９年
『板橋区の歴史』名著出版、１９７９年
『大田区の歴史』名著出版、１９７８年
『北区の歴史』名著出版、１９７９年
『品川区の歴史』名著出版、１９７９年
『品川の地名』品川区教育委員会、２０００年
『新修　新宿区町名誌』新宿歴史博物館、２０１０年
『新宿区の歴史』名著出版、１９７７年
『世田谷区の歴史』名著出版、１９７９年
『仙台市史　近世２』仙台市、２００３年
『台東区の歴史』名著出版、１９７８年
『豊島区史地図編』豊島区史編纂委員会、１９７４年
『豊島区の歴史』名著出版、１９７７年
『新潟砂丘』新潟市、２０１１年
『新潟湊の繁栄』新潟日報事業社、２０１１年
『文京のあゆみ』文京区教育委員会社会教育課、１９９０年
『文京区の歴史』名著出版、１９７９年
『港区の歴史』名著出版、１９７９年
『目黒区の歴史』名著出版、１９７８年

雑誌・ムックなど

今尾恵介監修『太陽の地図帖　東京凸凹地形案内』平凡社、２０１２年
東京地図研究社『地べたで再発見！「東京」の凸凹地図』技術評論社、２００６年
『東京ぶらり暗渠探検』洋泉社、２０１０年
『水路をゆく』イカロス出版、２０１１年
『帝都東京を歩く地図』学研パブリッシング、２０１１年
『地図中心』４０８号、４７１号、日本地図センター

皆川典久

みながわ・のりひさ／東京スリバチ学会会長。1963年群馬県前橋市生まれ。2003年、ランドスケープ・アーキテクトの石川初氏と東京スリバチ学会を設立。谷地形に着目したフィールドワークを東京都内で続けている。専門は建築設計、インテリア設計。東北大学大学院非常勤講師。著書に『凹凸を楽しむ 東京「スリバチ」地形散歩』（洋泉社、2012年）など。

断面図アイコン作製 マニアパレル｜BAD_ON
地図作製 杉浦貴美子・深澤晃平
ブックデザイン 内川たくや
DTP制作 ウチカワデザイン

凹凸を楽しむ 東京「スリバチ」地形散歩2

発行日 二〇一三年九月二五日 初版発行
二〇一七年六月 二 日 第二刷発行

著者 皆川典久 ©2013

発行者 江澤隆志
発行所 株式会社洋泉社
〒一〇一-〇〇六二 東京都千代田区神田駿河台二-二
電話 〇三-五二五九-〇二五一（代表）
振替 〇〇一九〇-二-一四二四一〇 （株）洋泉社

印刷・製本所 日経印刷株式会社

ISBN 978-4-8003-0230-4 Printed in Japan http://www.yosensha.co.jp